中国城市规划学会学术成果

绿色数智　提质增效

——2024年中国城市交通规划年会论文集

中国城市规划学会城市交通规划专业委员会　编

中国建筑工业出版社

图书在版编目（CIP）数据

绿色数智　提质增效 : 2024 年中国城市交通规划年会论文集 / 中国城市规划学会城市交通规划专业委员会编. -- 北京 : 中国建筑工业出版社, 2024. 9. -- ISBN 978-7-112-30094-5

Ⅰ. TU984.191-53

中国国家版本馆 CIP 数据核字第 202488V7K6 号

绿色数智　提质增效——2024 年中国城市交通规划年会论文集

中国城市规划学会城市交通规划专业委员会　编

*

中国建筑工业出版社出版、发行（北京海淀三里河路 9 号）

各地新华书店、建筑书店经销

北京鸿文瀚海文化传媒有限公司制版

建工社（河北）印刷有限公司印刷

*

开本：850 毫米×1168 毫米　1/32　印张：9 1/2　字数：253 千字

2024 年 8 月第一版　2024 年 8 月第一次印刷

定价：**49.00** 元

ISBN 978-7-112-30094-5

（43506）

版权所有　翻印必究

如有内容及印装质量问题，请与本社读者服务中心联系

电话：（010）58337283　QQ：2885381756

（地址：北京海淀三里河路 9 号中国建筑工业出版社 604 室　邮政编码：100037）

本书收录了“2024 年中国城市交通规划年会”入选论文 232 篇。内容涉及与城市交通发展相关的诸多方面，强调数智赋能、低碳发展与精准治理，反映了我国交通规划设计、交通治理等理论和技术方法的最新研究成果，以及在数智技术与应用、“双碳”目标与实施等领域的创新实践。

本书可供城市建设决策者、交通规划建设管理专业技术人员、高校相关专业师生参考。

责任编辑：黄　翊　徐　冉
责任校对：赵　力

论文审查委员会

主　　任： 马　林

秘 书 长： 赵一新

秘　　书： 张　宇　孟凡荣

委　　员（以姓氏笔画为序）：

王学勇　刘剑锋　孙永海　孙明正

李　健　杨　飞　杨　超　陈　峻

陈必壮　邵　丹　周　乐　周　涛

黄　伟　曹国华　戴　帅　魏　贺

目　录

01　宣讲论文

02 交通规划与实践

03 交通出行与服务

04　交通设施与布局

05 交通治理与管控

06 数智赋能与应用

07 “双碳”目标与实施

08 交通研究与评估

01 宣讲论文

多网融合背景下国土空间规划应对策略研究

——以厦漳泉都市圈为例

陈人杰　程国辉　刘　彦

【摘要】在新一轮国土空间规划背景下，多网融合作为都市圈空间发展战略实现的重要手段，需要深入分析多网融合对都市圈空间结构的影响，保证多网融合的交通规划与国土空间规划进行有效衔接，支撑国土空间发展战略，增强中心城市对周边地区辐射带动作用，提升都市圈的人口经济承载能力。本文针对厦漳泉都市圈现状存在的多网不融合、空间不耦合、城轨脱节等问题，从问题策略双向互动的角度进行优化，分别通过网络优化、空间耦合和开发引导三大策略进行优化提升。

【关键词】轨道交通；城际铁路；多网融合；国土空间规划；厦漳泉都市圈

【作者简介】

陈人杰，男，硕士，厦门市城市规划设计研究院有限公司，工程师。电子邮箱：47264279@qq.com

程国辉，男，硕士，厦门市城市规划设计研究院有限公司，工程师。电子邮箱：1347820131@qq.com

刘彦，女，硕士，厦门市城市规划设计研究院有限公司，助理工程师。电子邮箱：14736602@qq.com

基于国际经验的上海重型货车运输减碳策略研究

田田甜　金　昱　宋少飞

【摘要】重型货车是交通运输行业碳排放最为集聚的领域之一，加强重型货车减碳策略研究，对于交通运输低碳发展具有重要意义。本文首先分析了国际城市货运减碳经验，可为我国货运减碳策略制定提供参考借鉴。而后利用上海重型货车 GPS 数据，计算得出市域重型货车碳排放量及其空间分布，并探讨了重型货车碳排放与产业布局间的相互关系。最后结合国际经验与重型货车碳排放特征分析，从空间、交通和碳排放协同角度提出上海重型货车减碳策略与建议，具体包含优化产业空间布局、优化货运交通结构、优化交通路权分配、优化能源利用结构等方面。研究成果可为上海减碳规划提供决策支撑，并进一步提高上海货运减碳效率。

【关键词】重型货车；减碳策略；国际经验；碳排特征

【作者简介】

田田甜，女，博士，上海市城市规划设计研究院，助理规划师。电子邮箱：tiantt@supdri.com

金昱，男，博士研究生，上海市城市规划设计研究院，高级工程师。电子邮箱：jinyu@supdri.com

宋少飞，男，博士，上海市城市规划设计研究院，助理工程师。电子邮箱：ssf0307@126.com

基金项目：上海市科学技术委员会“科技创新行动计划”软科学研究项目“基于用地和交通协同的上海重型货车减碳策略研究”（23692112500）

存量型交通规划的思考与探索
——以苏州工业园区综合交通规划为例

夏胜国

【摘要】存量型交通规划指城市在存量发展阶段，通过交通时空资源的合理分配，引导绿色交通发展转型，优化提升交通系统整体效率的规划。本文梳理了存量型交通规划在规划对象、规划内容和规划方法上的总体要求，明确了以存量设施应对交通需求长期不断变化的工作目标，强调系统思维和底线思维，通过“建服管”并重的全要素规划实现从粗放式发展转向精细化发展。最后，以苏州工业园区综合交通规划为例，从空间组织、规划方法、交通治理、交通政策以及实施路径等方面提出存量型交通规划的主要应对策略。

【关键词】存量规划；存量型交通规划；综合交通；交通治理；交通承载力

【作者简介】

夏胜国，男，硕士，江苏省规划设计集团有限公司，正高级工程师。电子邮箱：xsguo_7@163.com

老旧小区停车设施建设实践经验总结

吴　爽　周　乐　李长波　耿　雪　张斯阳

【摘要】伴随快速机动化，城市既有住区特别是老旧小区面临“停车难”困扰。为探索有效缓解停车供需矛盾的路径，对部分城市老旧小区停车治理的实践开展调研，梳理主要问题表现，剖析其历史及现实成因。重点关注增加停车空间供给相关实践经验，从平面优化、立体挖潜、外部支持及组织管理等方面系统性总结老旧小区停车设施建设的技术手段，形成相应策略建议。

【关键词】停车；既有住区；经验总结

【作者简介】

吴爽，男，硕士，中国城市规划设计研究院，工程师。电子邮箱：caupd_ws@qq.com

周乐，男，硕士，中国城市规划设计研究院，城市交通研究分院副总工程师，教授级高级工程师。电子邮箱：zhoul@caupd.com

李长波，男，硕士，中国城市规划设计研究院，教授级高级工程师。电子邮箱：dmnhlcb@163.com

耿雪，女，硕士，中国城市规划设计研究院，高级工程师。电子邮箱：gengxue1314@gmail.com

张斯阳，女，硕士，中国城市规划设计研究院，高级工程师。电子邮箱：zhangsiyangyy@126.com

数据驱动的城市核心片区交通体系优化方法研究

——以成都高新南区为例

蒋 源 李 星 乔俊杰

【摘要】数据分析是各层次交通规划落实“以人为本”理念的根本。过去受数据限制影响，致使对居民出行分析特征不够完备、对居民出行需求挖掘不够精准，在片区交通改善中“人本理念”的落实程度不足。在多元大数据融合分析的背景下，对人出行全过程行为特征的分析得以实现，进一步强化了对人出行需求及交通症结背后成因的精准掌握，进而指导形成更具有针对性的交通改善方案。本文基于对多元数据之间融合基础和可行性的研究，探索了多元大数据融合挖掘人本出行特征、需求及交通症结背后成因的理论方法和技术逻辑，并以成都高新南区为例，研究了多元数据融合指引下的核心片区交通改善实践。

【关键词】数据融合；核心片区；交通优化提升；成都高新南区

【作者简介】

蒋源，男，硕士，成都市规划设计研究院，主任规划师，工程师。电子邮箱：nojiangpai@163.com

李星，男，硕士，成都市规划设计研究院，副总工程师，教授级高级工程师。电子邮箱：19980513009@163.com

乔俊杰，男，硕士，成都市规划设计研究院，总工程师助理，高级工程师。电子邮箱：844192390@qq.com

基金项目：四川省自然资源厅科研项目“基于多元大数据与综合交通模型的交通规划分析应用技术研究”（K1-2023-037）

数字赋能城市赛事活动关键技术研究与实践

陆　辉　吴　军　刘恒孜　罗　斌

【摘要】传统城市赛事活动的事前演练基本以人工为主，为实现数字技术赋能成都大运会，利用“基础支撑+数字基底+功能应用”的智慧化场景解决思路，搭建了成都大运会开闭幕式仿真演练平台，融合VISSIM交通仿真和数字孪生技术，实现事前演练的仿真可视化展示和评估。平台在成都大运会开闭幕式筹备和举行期间进行了大量的实践和应用，包括各类客群入离场、运动员走场仪式等仿真演练环节。应用结果表明，平台能够准确地仿真成都大运会开闭幕式的真实运行状态，仿真还原精度达到了95%以上，可以有效提高城市赛事活动组织效率，辅助开闭幕式科学决策，同时节约了大量的时间和人力、物力成本。

【关键词】VISSIM交通仿真；数字孪生技术；仿真演练平台

【作者简介】

陆辉，男，博士，成都设计咨询集团有限公司，党委副书记、副董事长、总经理，正高级工程师。电子邮箱：407622881@qq.com

吴军，男，学士，成都市市政工程设计研究院有限公司，交通分院智慧交通所副所长，高级工程师。电子邮箱：2964401692@qq.com

刘恒孜，女，硕士，成都市市政工程设计研究院有限公司，助理工程师。电子邮箱：zizidyx@126.com

罗斌，男，硕士，成都市市政工程设计研究院有限公司，交通分院副总工程师，正高级工程师。电子邮箱：30923198@qq.com

利用无人驾驶车辆通信的交叉口信号设计方法

张煜坤　梁书洪　曹尚斐　辛光照　莫春章　姜　浩

【摘要】2023 年年底住房和城乡建设部等部委开展智能网联汽车准入和上路通行试点工作，无人驾驶成为城市道路交通的发展趋势。无人驾驶的网约车、出租车、公交车不仅可以提供出行服务，也可以作为动态交通流检测车辆，满足智能交通管理的需要。本文以信号交叉口控制方法为例，首先介绍无人驾驶车辆通信对交叉口信号设计的优化作用，然后提出基于无人驾驶车辆通信的交叉口信号设计方法，包括根据无人驾驶车辆通信数据进行全域交叉口信号设计的步骤和关键的信号设计参数等内容，最后通过 SUMO 交通仿真软件模拟进一步体现无人驾驶车辆的实际交通管理价值。

【关键词】无人驾驶；通信；交叉口；信号设计

【作者简介】

张煜坤，女，硕士，成都天府新区规划设计研究院，高级工程师。电子邮箱：24148653@qq.com

梁书洪，男，硕士，成都天府新区规划设计研究院，工程师。电子邮箱：857835709@qq.com

曹尚斐，男，硕士，成都天府新区规划设计研究院，市政设计部副部长，高级工程师。电子邮箱：46378549@qq.com

辛光照，男，硕士，成都天府新区规划设计研究院，工程师。电子邮箱：1026364325@qq.com

莫春章，男，硕士，成都天府新区规划设计研究院，工程

师。电子邮箱：511946396@qq.com

姜浩，男，硕士，成都天府新区规划设计研究院，市政设计部部长，高级工程师。电子邮箱：2570468499@qq.com

上海及近沪地区通勤绩效特征与优化策略研究

邹　伟

【摘要】当前我国各省、市明确提出了“1 小时通勤圈协同发展”,《上海市城市总体规划（2017—2035 年）》《上海大都市圈国土空间总体规划》等文件对上海跨区域交通出行建设也提出相关要求。本文聚焦上海及近沪地区，通过通勤识别、通勤单元构建、通勤绩效评价等技术方法，多尺度分析其通勤单元分布特征，探索、总结上海及近沪地区多种类型通勤绩效评价结果。上海及近沪地区可构建 63 个通勤单元，划分为职住平衡型、强流入型、弱流入型、强流出型、弱流出型 5 种类型，提出分圈层构建定位目标、构建轨道通勤体系与廊道、针对性明确通勤单元职住平衡等策略，进一步提升上海及近沪地区通勤效率，为超大城市及大城市跨区域通勤出行优化提供依据。

【关键词】跨城通勤；通勤绩效；规划实施；近沪地区；上海

【作者简介】

邹伟，男，硕士，上海市城市规划设计研究院，高级工程师。电子邮箱：zouwei@supdri.com

电动汽车充电设施发展策略研究

——以杭州为例

梁　茜　华爱娅　戚钧杰

【摘要】作为电动汽车发展的重要支撑，充电设施布局建设与运营管理模式对电动汽车发展前景起到重要影响。本文依据政府政策文件要求、电动汽车行业发展趋势和充电设施发展特点，总结得出充电设施面临挑战。本文以杭州市充电设施发展实践为例，分析城市交通发展特征、充电设施建设规模、分布和运营等特征，研判杭州市充电设施发展趋势。基于现状情况摸排、服务区域划分、充电需求预测、快慢结构分配和建设规模确定五个步骤提出充电设施布局规划方法，同时，对充电设施布局、建设规模、配套设施和管理规范四个方面提出相应发展策略，为充电设施的规划建设提供建议和参考。

【关键词】充电设施；电动汽车；杭州；发展策略

【作者简介】

梁茜，女，硕士，杭州市规划设计研究院，助理工程师。电子邮箱：1964246635@qq.com

华爱娅，女，硕士，杭州市规划设计研究院，高级工程师。电子邮箱：hay849@qq.com

戚钧杰，男，硕士，杭州市规划设计研究院，助理工程师。电子邮箱：qjj1270204@sina.com

“轨道—公交—慢行”三网融合评估体系及资源配置方法研究

颜建新

【摘要】“轨道—公交—慢行”三网融合是提高城市公共交通出行吸引力、优化交通出行结构、缓解交通拥堵的关键。但传统的评估标准体系或相关规范仅考虑接驳设施的“有无”，而忽略了设施运行的“好坏”，导致无法评估因供需矛盾、出行体验而诱发的接驳不便问题。本文首次引入“供需匹配”及“使用体验”层面的相关指标，系统性地构建了“轨道—公交—慢行”三网融合评估体系，并从设施融合、线网融合与运营融合等方面提出关键资源配置方法，对于其他大中城市系统性开展三网融合改善具有丰富的理论及实践参考价值。

【关键词】交通规划；三网融合；接驳评估体系；设施融合；线网融合；运营融合；无障碍设计

【作者简介】

颜建新，男，硕士，深圳市综合交通与市政工程设计研究总院有限公司，规划二院副院长，高级工程师。电子邮箱：511865660@qq.com

基于公众调查与交通舆情的过街设施规划改善分析

——以天津市为例

洛玉乐　齐　林　张红健

【摘要】城市道路人行过街设施是城市综合交通的重要组成部分，随着城市空间格局转换和生活品质的不断提升，过街设施功能逐渐从单一的过街通行转变为集交通、景观等于一体的多样化复合功能，使用需求也日益多元。但因使用人群相对有限且小众，传统的规划方法无法精准定位使用人群并充分了解建设改善需求，而将公众调查和网络舆情融入传统规划分析中，从民生需求和关注热点入手揭示过街设施建设的潜在需求并进行改善治理，能为过街设施规划和优化提供数据分析支撑，在很大程度上弥补传统调查方法的不足。本文以天津市为例，利用4990份公共调查问卷探究天津市行人过街行为特征，同时结合近1000条相关网络舆情留言数据，从改善需求和建设需求两个方面分析天津市人行过街设施使用潜在需求，并提出相关布局优化建议，践行“人民城市人民建、人民城市为人民”重要理念，为人行过街设施规划和改善提升提供一定的决策参考和数据支撑。

【关键词】人行过街设施；舆情数据；公共调查；规划布局；精准治理

【作者简介】

洛玉乐，女，硕士，天津市城市规划设计研究总院有限公司，工程师。电子邮箱：luo_yule@163.com

齐林，男，硕士，天津市城市规划设计研究总院有限公司，高级工程师。电子邮箱：396288774@qq.com

张红健，女，硕士，天津市城市规划设计研究总院有限公司，工程师。电子邮箱：875641217@qq.com

基于城市交通小区的共享单车投放量预测

杜　书

【摘要】共享单车是一种新型分时租赁模式的共享经济。为了确定单车资源的合理配置方式，共享单车企业需要提前预测从一个区域到另一个区域的骑行需求数量，这个问题被表述为原点—目的地矩阵预测（ODMP）问题。为了有效地解决这一问题，本文提出对单车订单数据的普遍性处理思路，针对 2019 年 8 月上海市哈啰单车订单数据进行处理分析，结合上海市行政区划数据、土地利用及社会经济属性等对原始特征进行衍生，揭示共享单车使用的时空特征。应用先进的机器学习技术 XGBoost 模型，分析 OD 需求影响因素，预测未来 OD 需求量。预测结果结合交通设施承载力、用户出行成本、车辆与调度成本，可作为共享单车投放决策的数据依据，为相关企业带来经济效益的同时减轻城市交通负担，平衡供需关系，促进城市交通的可持续发展。

【关键词】共享单车；OD 需求；交通规划；短时交通流量预测

【作者简介】

杜书，男，硕士研究生，东南大学交通学院。电子邮箱：1210431058@qq.com

基于动态加权融合模型的快速路交通量预测

许可心　林　婧　杨泽鹏

【摘要】在历史数据量有限的条件下，为提高城市快速路交通量预测的准确性，本文提出基于动态加权融合模型的快速路交通量预测方法。在城市快速路历史交通量数据的基础上，采用自回归差分移动平均（ARIMA）模型与三次指数平滑模型分别对未来交通量进行预测，通过动态权重融合算法对两个模型的预测值进行融合，得到最终的预测交通量。选取重庆市某快速路断面的历史交通量，构建融合模型并对预测结果进行评价，得出模型预测值与实际值基本一致，平均绝对误差为21.11，平均绝对百分比误差为8.30%。结果表明：动态加权融合模型对于快速路交通量预测精度较高，可为城市快速路交通规划及管理提供重要参考。

【关键词】ARIMA 模型；三次指数平滑模型；交通量预测；时间序列

【作者简介】

许可心，女，硕士研究生，重庆交通大学。电子邮箱：1309035878@qq.com

林婧，女，硕士研究生，重庆交通大学。电子邮箱：273494631@qq.com

杨泽鹏，男，硕士研究生，重庆交通大学。电子邮箱：1362059260@qq.com

高速公路交通流特性与通行能力分析

罗芷晴　林培群

【摘要】高速公路交通流特性与通行能力分析是提升高速公路服务水平和运行效率的前提和关键。为突破传统通行能力计算方法在现有数据条件下的应用局限性，本文在揭示高速公路交通流时空变化规律基础上，建立了基于高速公路门架系统数据的通行能力实用计算方法，用以分析我国不同类型高速公路的通行效率及其可提升空间，并构建了“通行能力—货车比重”多项式回归模型，深入挖掘货车比重对高速公路通行能力的影响。研究结果表明：高速公路交通流存在周期性变化，但在时空维度上均呈现分配不均衡特征；在限速条件下，靠近城市的部分高速公路具有更高的通行效率，且通行能力在更稳定的运行环境下还有15%以上的可优化空间；针对混合交通流，货车比重会对高速公路通行能力产生“先提升、后降低”的作用过程，在高峰时段合理控制货车比重，使其稳定在21.54%以内，将有助于提高高速公路的服务水平。

【关键词】高速公路；交通流特性；道路通行能力；门架系统数据；粤港澳大湾区

【作者简介】

罗芷晴，女，硕士，广州市交通规划研究院有限公司。电子邮箱：116436635@qq.com

林培群，男，博士，华南理工大学土木与交通学院，教授。电子邮箱：pqlin@scut.edu.cn

规划运营协同的城市交通治理模型开发广州实践

宋　程　吕海欧　陈先龙

【摘要】基于目标导向的规划模型精细化程度和应用场景有限，难以满足增量和存量并存阶段城市多主体、多场景、多样化的交通治理需求，基于数据驱动的宏中微观一体化治理模型成为较为理想的解决方案。本文通过解析规划模型与治理模型差异，提出治理模型的闭环逻辑体系，设计数据层—模型层—应用层—展示层的模型架构，开展广州市黄埔区治理模型开发实践。实例研究表明：规划运营协同的城市交通治理模型能够很好地服务于城市交通基础设施建设全流程治理工作，实现对客货运交通治理的动态赋能，提升交通治理决策的智慧化和科学性。

【关键词】城市交通；交通治理模型；规划运营协同；宏中微观一体化；全流程治理

【作者简介】

宋程，男，硕士，广州市交通规划研究院有限公司，广东省可持续交通工程技术研究中心，交通规划三所（信息模型所）副所长，正高级工程师。电子邮箱：510659684@qq.com

吕海欧，女，硕士，广州市交通规划研究院有限公司，广东省可持续交通工程技术研究中心，助理工程师。电子邮箱：1448732489@qq.com

陈先龙，男，博士，广州市交通规划研究院有限公司，广东省可持续交通工程技术研究中心，科技创新中心主任，正高级工程师。电子邮箱：314059@qq.com

中小城市公交站点覆盖率对公交出行的影响研究

——以张家港为例

汪益纯　王树盛

【摘要】公交站点覆盖率被广泛认为对公交出行具有影响。本文以张家港为例，分析公交出行与公交站点不同步行距离及半径下覆盖率的相关性及影响程度。结果显示，公交站点 500m 步行距离或半径的覆盖率与公交出行均不呈现显著的相关性，公交站点 200～300m 步行距离、200m 半径覆盖率与公交出行呈现显著相关性。建议针对不同规模城市开展不同距离及测算方法下的覆盖率与公交出行的相关性分析，优化指标引导与管控。对于中小城市建议以 200～300m 步行距离覆盖率作为评价指标，精准识别公交服务问题区域并采用系统化、精细化的改善措施缩短居民到达公交站点的步行距离，提高公交服务水平和竞争力。

【关键词】公交站点覆盖率；公交出行；影响研究；中小城市

【作者简介】

汪益纯，女，硕士，江苏省规划设计集团有限公司，高级工程师。电子邮箱：332732514@qq.com

王树盛，男，博士，江苏省规划设计集团有限公司，研究员级高级工程师。电子邮箱：43284326@qq.com

基于时空大数据的货车限行政策与货运需求适配性研究

熊文华　张杰华　韦　栋

【摘要】交通管理部门通常根据经验制定货车限行措施，对货车限行措施实施效果量化分析不足，难以满足当前货运交通管理精细化、数据化的新需求。本文首次基于用地、产业等空间数据和货车 GPS 数据、城市交通卡口数据等货车交通运作数据，对货车限行措施与货运需求之间的适配性进行多维度的分析评估，从限行时间、限行对象、限行道路等方面进行量化测算，更加精准地找到了可优化的空间，既有效满足了当前“货车进城”的新需求，又不会对中心城区城市交通运作产生大的影响，真正实现了城市与交通的协同发展。

【关键词】城市交通；货运交通；货车限行；时空大数据；货运需求

【作者简介】

熊文华，男，硕士，广州市交通规划研究院有限公司，交通规划五所（智能交通所）副所长，正高级工程师。电子邮箱：285808139@qq.com

张杰华，男，硕士，广州市交通规划研究院有限公司。电子邮箱：zjh530868646@163.com

韦栋，男，学士，广州市交通规划研究院有限公司，副总工程师，正高级工程师。电子邮箱：451048915@qq.com

基于改进两步移动搜索法的公交站点可达性分析

刘正彪

【摘要】研究公交站点可达性对公交站点选址规划的合理性具有重要意义。本文以高斯距离衰减函数为基础，以 Python、ArcGIS、高德路径规划 API 为支撑，对传统两步移动搜索法进行改进。以成都双流区公交站点为例，从供需角度评价公交站点的空间可达性，发现双流区公交站点可达性存在南北差异明显、资源分配不均等问题。公交站点密集地区受到高出行需求的影响，实际可达性较低；站点分散区域的居民出行需求相对较低，局部反而出现高可达性。本文丰富了城市公交站点可达性评价案例，提出的基于高德路径规划 API 的高斯两步移动搜索法不仅可应用于城市公交站点选址规划，也可为提高公共交通服务水平提供思路参考。

【关键词】公共交通；可达性评价；两步移动搜索法；路径规划；距离衰减

【作者简介】

刘正彪，男，硕士，江苏省城市规划设计研究院，助理工程师。电子邮箱：769205681@qq.com

基于 SSM 的信号交叉口交通安全分析

陈哲鸣

【摘要】代理交通安全性指标（Surrogate Safety Measure，SSM）是识别交通冲突和量化其严重程度的措施，通过 SSM 可以在短时间内捕获大量交通冲突数据。在分析过程中发现对于信号交叉口中发生交通冲突的时间点和空间点存在研究空白。本文收集并分析了 T 形信号交叉口的交通视频数据，并提出了一种使用改进的碰撞时间（MTTC）和碰撞指数（CI）等 SSM 指标来识别交叉口潜在交通冲突的算法。此外，还使用自研算法分析信号周期交通冲突频率的时间和空间分布。结果显示，在所选 T 形交叉口中，交通冲突最频发的时间点是绿灯开始后前 10%的绿灯时间，交通冲突最频发的位置在停车线上游 10m 内。这些发现为信号交叉口的安全分析和安全措施的使用提供了量化支撑。

【关键词】代理交通安全性指标（SSM）；信号交叉口；交通冲突；MTTC

【作者简介】

陈哲鸣，男，硕士，佛山市城市规划设计研究院有限公司，工程师。电子邮箱：chenzheming97@163.com

城市更新背景下公交场站的发展困境与反思对策

——以北京市为例

吴丹婷　魏　贺

【摘要】公交场站是公交线网运行和服务的基础保障，建设公交场站是贯彻落实公交优先战略的重要手段之一。在当前城市更新的背景下，资源约束不断加剧，高质量发展要求不断提高，人们的诉求日益多元化，公交场站建设实施难、增效提质难的问题愈发凸显。如何坚定不移地贯彻落实公交优先战略？如何推动公交场站空间高效利用？如何促进公交系统健康可持续发展？这些已然成为政府决策者、城市规划者、行业管理者需要应对的实际课题。本文首先从建设实施难、增效提质难两个方面阐述公交场站发展所面临的困境。其次，针对用地保障模式、财政补贴模式、公共汽电车进场率三个方面进行探讨，重构理解、拓展内涵，统一认知。最后，从引入特许经营模式、完善补贴考核机制、创新土地供给模式、场线联动增效提质四个方面提出公交场站可持续发展的方向和对策。

【关键词】城市更新；公交场站；地面公交；公交优先战略；体制模式

【作者简介】

吴丹婷，女，硕士，北京市城市规划设计研究院，工程师。电子邮箱：243691060@qq.com

魏贺，男，硕士，北京市城市规划设计研究院，高级工程师。电子邮箱：clanbaby@163.com

超大城市综合交通规划实施评估系统框架研究

李惟斌　张　鑫　周嗣恩

【摘要】北京城市功能结构和综合交通系统已经发生和正在发生重大变化，“规划编制—实施跟踪—评估论证—反馈纠偏”的良性机制是增强规划可实施性和提升规划发展能力的必然选择。为综合研判全市交通系统、指导未来城市交通发展方向，北京市开展了城市总体规划实施之后第一次综合交通规划实施评估及年度体检工作。项目以助力规划实施及推动城市高质量发展为目标，通过大量数据和指标分析，研判存在问题，摸清综合交通系统执行及成效、问题等情况，提出综合交通系统未来提升策略建议。本文针对北京市综合交通评估的顶层设计制定及系统框架进行总结，以期通过北京的实践成果对其他超大城市综合交通体系评估提供借鉴经验。

【关键词】超大城市；综合交通体系；实施；评估

【作者简介】

李惟斌，女，硕士，北京市城市规划设计研究院，高级工程师。电子邮箱：594247044@qq.com

张鑫，男，硕士，北京市城市规划设计研究院，教授级高级工程师。电子邮箱：bjghy_zhx@163.com

周嗣恩，男，博士，北京市城市规划设计研究院，教授级高级工程师。电子邮箱：snzhou_hn@163.com

基于最大功率法的城市公共充电设施规划研究

王文成　张　鑫　何　青　郑　猛　龚　嫣

【摘要】科学的公共充电设施规划是充电设施健康有序发展的依据，也是电动汽车发展的重要保障。本文对比了车公桩比法、充电时长法、充电能耗法、最大功率法等充电需求预测方法，最终选取最大功率法，以北京市中心城区为例，进行了充电需求预测分析及公共充电设施布局规划，为城市公共充电设施需求预测和规划提供了新思路，对公共充电设施科学合理布局和建设具有重要意义。

【关键词】新能源汽车；公共充电设施规划；最大功率法

【作者简介】

王文成，男，博士，北京市城市规划设计研究院，工程师。电子邮箱：wangwencheng@bjghy.com

张鑫，男，硕士，北京市城市规划设计研究院，教授级高级工程师。电子邮箱：13810647303@139.com

何青，女，博士，北京市城市规划设计研究院，高级工程师。电子邮箱：qinghe1011@163.com

郑猛，男，学士，北京市城市规划设计研究院，教授级高级工程师。电子邮箱：sd_zhengmeng@163.com

龚嫣，女，学士，北京市城市规划设计研究院，教授级高级工程师。电子邮箱：gongyan_jt@sina.com

上海航空枢纽发展优劣势分析及功能提升策略

杨　晨　陈俊彦　陈心雨　徐晨捷

【摘要】本文深入分析了上海航空枢纽的发展现状、面临的挑战与机遇，并提出了功能提升策略。上海作为中国航空门户枢纽的领军城市，已形成虹桥和浦东两大航空枢纽，对区域产业高质量发展和城市发展能级提升具有重要作用。然而，面对国家战略目标和亚太地区机场的竞争，上海航空枢纽在国际转运功能上存在不足。本文通过国际案例比较和 SWOT 分析，识别了上海航空枢纽的优势、劣势、机会和威胁，并提出了构建亚太地区一流国际航线网络、发挥主基地航司枢纽运营人作用、加强航空枢纽空空中转能力建设和打造空地一体化交通服务网络等策略，以提升上海航空枢纽的国际竞争力，推进其成为具有全球影响力的世界级航空枢纽。

【关键词】上海航空枢纽；国际对标；主基地航司；SWOT 分析；功能提升

【作者简介】

杨晨，男，博士，上海市城乡建设和交通发展研究院，高级工程师。电子邮箱：178106913@qq.com

陈俊彦，男，硕士，上海市城乡建设和交通发展研究院，工程师。电子邮箱：13512110934@163.com

陈心雨，女，硕士，上海市城乡建设和交通发展研究院，助理工程师。电子邮箱：cxyseu@qq.com

徐晨捷，男，硕士，上海市城乡建设和交通发展研究院，助理工程师。电子邮箱：chenjie_xu@aliyun.com

面向需求的上海市域铁路运输组织特点分析

龙　力　王忠强

【摘要】随着上海城市空间不断拓展，城市轨道交通网络规模不断提升并已位居全国前列。在加快推进长三角一体化、构建上海大都市圈、支撑市域空间新格局发展的要求下，上海正加快建设市域铁路。市域铁路作为多网融合的纽带，应适应并能更好地服务于旅客跨方式、跨地区出行需求背景下多样、灵活的运输组织方式。本文以旅客便捷出行为导向，从上海市域轨道网络规划特征出发，借鉴国内外市域轨道交通运输组织相关经验，提出分类型、分阶段的上海市域铁路运输组织特点，为后续上海市域铁路票务系统建设、车站旅客组织、列车运行方案制定等提供基础。

【关键词】市域铁路；运输组织；旅客出行特征；上海市

【作者简介】

龙力，女，硕士，上海市城乡建设和交通发展研究院综合交通规划研究所，高级工程师。电子邮箱：496196205@qq.com

王忠强，男，博士，上海市城乡建设和交通发展研究院综合交通规划研究所，总工程师，高级工程师。电子邮箱：wzqqzw2013@163.com

02 交通规划与实践

西安市低运量轨道交通发展模式研究

蔺海娣　杨君仪　安　东

【摘要】在西安市构建大都市区空间发展框架的重要阶段，本文聚焦为市民提供更具竞争性的公共交通出行方式，结合低运量轨道交通系统的规划特点，分析轨道交通体系的分工与协作关系、公共交通客运出行需求、城市空间与产业地区发展需求，并对西安市低运量轨道交通系统的地区适用性进行研究，综合研判低运量轨道交通的发展模式，提出“加密线、骨干线、过渡线”三种线路功能定位。在低运量轨道交通的补充下多样化公共交通出行服务供给，发挥低运量轨道交通的比较优势，着力构建分区分级、多元一体、多网融合、绿色高效的城市公共交通系统。

【关键词】低运量；轨道交通；出行需求；适用性；发展模式

【作者简介】

蔺海娣，女，硕士，西安市城市规划设计研究院，高级工程师。电子邮箱：277458005@qq.com

杨君仪，女，硕士，西安市交通规划设计研究院有限公司，工程师。电子邮箱：839274914@qq.com

安东，男，硕士，西安市城市规划设计研究院，轨道规划研究所所长，高级工程师。电子邮箱：125290635@qq.com

基于城市触媒理论的轨道周边地区规划探索
——以武汉市轨道交通5号线起点调整工程为例

曾贝妮　唐古拉

【摘要】以存量更新为主导的城市地区，由于城市短板较多、可开发土地较少，轨道交通站点的介入可以使周边城市空间与城市居民的活动发生改变，为区域带来积极影响。本文结合武汉市轨道交通5号线起点调整工程两个站点及周边地区的综合规划实践，从城市触媒理论入手，分析轨道交通站点周边规划建设所面临的问题，构建了触媒元素导入、激发和后续引导的规划路径，为轨道交通站点及周边地区的综合规划提供有效的规划思路和建设参考。

【关键词】城市触媒；轨道交通综合规划；存量更新；轨道交通站点周边

【作者简介】

曾贝妮，女，硕士，武汉市规划研究院（武汉市交通发展战略研究院），工程师。电子邮箱：297397118@qq.com

唐古拉，男，硕士，武汉市规划研究院（武汉市交通发展战略研究院），高级工程师。电子邮箱：tang_gula@yeah.net

对重庆都市圈市域（郊）铁路的规划思考

陈泽生　陈彩媛　王　亮　胡　林

【摘要】本文分析当前阶段我国市域（郊）铁路的发展现状和存在问题，包括功能定位不准、多网融合不够、客流效益不佳、债务风险过高等，提出关于市域（郊）铁路规划建设的思考。一是要明确市域（郊）铁路功能定位，合理确定线网规模；二是要全面推动多网融合，构建一体化轨道网络；三是要积极促进站城融合，培育市域（郊）铁路客流；四是要创新投融资方式，降低地方债务风险。最后以重庆都市圈为例，基于都市圈的空间尺度、发展阶段和交通出行特征等，提出适度调减都市圈远郊线路、统一制定都市圈轨道建设标准、协调站点与周边用地关系、鼓励社会资本参与市域（郊）铁路建设的发展策略，以实现市域（郊）铁路的高质量发展，为重庆都市圈建设提供有力支撑。

【关键词】交通规划；市域（郊）铁路；功能定位；多网融合；站城融合；投融资

【作者简介】

陈泽生，男，硕士，中国城市规划设计研究院西部分院，高级工程师。电子邮箱：983275188@qq.com

陈彩媛，女，硕士，中国城市规划设计研究院西部分院，正高级工程师。电子邮箱：381218194@qq.com

王亮，男，硕士，中国城市规划设计研究院西部分院，工程师。电子邮箱：1043589334@qq.com

胡林，男，硕士，中国城市规划设计研究院西部分院，高级工程师。电子邮箱：497579184@qq.com

商旅小镇交通发展策略研究

王新慧

【摘要】本文以商旅小镇引发客流交通特征入手，以需求为导向，以交通设施供给为抓手，以提升交通系统韧性为目标，提出大型文旅居住区的交通发展策略。以武汉市蔡甸区文岭商旅生活组团为例，分析各功能板块交通需求特征、区域道路、轨道等交通设施供给情况，在编制控制性详细规划阶段，针对交通设施供给情况，以提升交通系统韧性为目标，从用地调整、交通设施布局、交通组织优化等角度以提升绿色交通出行竞争力为出发点，协同发展道路交通的发展策略，为大型商旅组团交通发展研究提供经验借鉴。

【关键词】系统分流；韧性交通；绿色交通；P+R 停车场

【作者简介】

王新慧，女，硕士，武汉市规划研究院（武汉市交通发展战略研究院），高级工程师。电子邮箱：1127486686@qq.com

产业功能区交通详细设计策略与实践

龙 慧 刘 洋 焦 峰 黄 迪 翁 焱

【摘要】本文基于产业功能区交通出行特征，提出交通详细设计应遵循的总体原则。以雄安新区某产业功能区为例，提出五个方面的园区交通设计策略：快慢兼顾的交通组织模式；舒适、包容的品质慢行空间；精细、安全的人车交织设计；智慧赋能的创新公交服务模式；政策机制引导绿色出行习惯。通过以上交通设计策略的引导和方案落地，打造产业功能区以人为本、低碳绿色的交通发展模式，在“建设人民之城”和“双碳”目标背景下，提升园区交通出行品质和服务水平，为其他产业功能区交通设计提供借鉴。

【关键词】产业功能区；交通详细设计；交通设计策略

【作者简介】

龙慧，女，硕士，北京城建交通设计研究院有限公司，高级工程师。电子邮箱：longhui8906@126.com

刘洋，男，硕士，中国雄安集团交通有限公司，高级工程师。电子邮箱：835297216@qq.com

焦峰，女，硕士，北京城建交通设计研究院有限公司，工程师。电子邮箱：153060698@qq.com

黄迪，男，硕士，北京城建交通设计研究院有限公司，高级工程师。电子邮箱：103757733@qq.com

翁焱，女，学士，北京城建交通设计研究院有限公司，高级工程师。电子邮箱：503080587@qq.com

南京都市圈交通一体化高质量发展研究

林新宇　王舒敏

【摘要】随着区域经济一体化的不断推进，南京都市圈作为我国重要的经济增长极和交通枢纽，其交通一体化高质量发展对于促进区域协调发展、提升综合竞争力具有重要意义。本文深入剖析南京都市圈的交通系统现状，从宏观多维空间层次对综合交通系统的布局进行系统性分析。随后针对都市圈公路、轨道及航空三个关键交通子系统发展情况进行详尽探讨。进而从交通一体化的多维发展视角出发，提出了一系列可行的策略建议，以期通过提升交通枢纽能级、强化区域交通联系以及提高交通管理水平，推动南京都市圈交通系统的高效协同发展，为我国实现交通强国战略目标贡献力量。

【关键词】南京都市圈；综合交通系统；交通一体化；高质量发展

【作者简介】

林新宇，男，硕士研究生，东南大学建筑学院。电子邮箱：220230257@seu.edu.cn

王舒敏，女，硕士研究生，东南大学建筑学院。电子邮箱：220230067@seu.edu.cn

武汉地铁城市建设探索

刘国强

【摘要】形成以轨道为核心的职住模式和生活模式，建设绿色、集约、高效、宜居的城市是地铁城市发展的本质内涵。以轨道交通为骨架引导城市空间发展、以轨道走廊及枢纽站点组织城市功能、建立“站城一体化”开发模式是地铁城市的基本特征。武汉市构建“顶层规划—建设指引—示范项目—政策机制”全流程的服务规划、建设、管理、运营全生命周期的地铁城市实施模式，以多样化轨道交通系统促进轨道建设与城市建设融合发展，以轨道沿线用地TOD综合开发建设指引引领城市发展，以六类地铁功能区示范项目建设促进站城一体化开发，以政策机制保障轨道交通场站用地开发，探索世界级地铁城市建设，打造“轨道上的大武汉”。

【关键词】地铁城市；轨道交通；地铁功能区

【作者简介】

刘国强，男，硕士，武汉市规划研究院（武汉市交通发展战略研究院），正高级工程师。电子邮箱：462941535@qq.com

服务新质生产力视角下城市交通发展研究

安　斌

【摘要】习近平总书记在河北雄安新区考察时指出，交通是现代城市的血脉。血脉畅通，城市才能健康发展。城市综合交通不仅服务民生、满足人民基本出行需求，也是促进解放城市生产力，保障各类生产要素高效、安全、绿色运转的基础。城市生长和交通发展有着密不可分的联系，为厘清交通与城市生产力的互动关系，本文以天津市为例，通过回顾天津的城市与交通发展历程，分析当前交通的变化趋势，并结合天津的现状基础，在服务新质生产力视角下，寻求城市交通的发展方向。

【关键词】城市交通；新质生产力；产业；发展历程

【作者简介】

安斌，男，硕士，天津市城市规划设计研究总院有限公司，高级工程师。电子邮箱：18502679714@163.com

物流基地货运需求预测方法研究

韩君如　李瑞敏

【摘要】日益重要的物流园区的快速发展对城市道路交通基础设施提出了越来越高的要求，预测物流园区的长期货运需求对规划物流园区的配套交通基础设施具有重要意义。本文分别建立针对园区货运量和交通量的分步预测模型，包括构建了组合使用增长率法、类比预测等方法的货运量预测模型，以及以“四阶段法”为基础建立了货运交通量预测的“货运四阶段法”。应用所构建的模型对北京市典型大型物流基地和一级农产品批发市场的货运需求分布进行量化分析，从需求侧分析未来物流园区周边交通基础设施的发展方向。结果表明，货运需求预测结果分配至园区周边路网的结果可以为交通基础设施规划提供支撑。

【关键词】城市交通；货运需求预测；道路规划

【作者简介】

韩君如，女，硕士，清华大学土木系。电子邮箱：hjr@tsinghua.edu.cn

李瑞敏，男，博士，清华大学土木系，教授。电子邮箱：lrmin@tsinghua.edu.cn

窄路密网对于当今城市规划的适用性分析

王海天　万　涛

【**摘要**】本文通过对城市路网纵向和横向比较及其与经济社会发展的内在联系分析，从学理上论证窄路密网规划理念对于当今城市规划的适用性，运用交通工程分析方法从技术上论证窄路密网规划理念对于优化城市路网结构、调配各级路网通行能力、增强路网可达性、便利慢行交通出行等方面的合理性，最后得出结论，即窄路密网规划理念适应新时代城市规划发展。

【**关键词**】窄路密网；城市规划；适用性

【**作者简介**】

王海天，男，学士，天津市城市规划设计研究总院有限公司，正高级工程师。电子邮箱：2485817857@qq.com

万涛，男，硕士研究生，天津市城市规划设计研究总院有限公司，研发总监，高级工程师。电子邮箱：1169468702@qq.com

浙江省中小城市综合交通发展困境与转型策略探索

高　奖　胡杭波

【摘要】在城市人口规模与出行需求、小汽车保有量与出行比例均快速增长的背景下，我国许多城市正面临着交通拥堵治理与可持续发展的难题。大城市选择大规模建设轨道交通提升公交竞争力，大规模建设快速路、公共停车场提高动静态交通容量来应对综合交通发展困境，但中小城市的交通需求、交通供给既有普遍性又有特殊性。受城市空间尺度、人口规模、政府财力与资源要素的制约，中小城市无法照搬大城市治理交通拥堵的方法。本文以浙江省永康、桐乡等中小城市为例，从交通需求特征、交通供给特征及交通供需的特殊性分析着手，梳理、总结浙江省中小城市综合交通发展困境，探索可持续发展转型的策略，并研究提出道路系统、公共交通、慢行系统、静态交通等领域适合中小城市交通转型的特色举措。

【关键词】中小城市；综合交通；转型

【作者简介】

高奖，男，硕士，杭州市规划设计研究院，交通一室副主任，高级工程师。电子邮箱：30335618@qq.com

胡杭波，男，学士，永康市自然资源和规划局，工程师。电子邮箱：175619081@qq.com

重庆市中心城区交通发展十年回顾与展望

吴翱翔　刘孟林　杨　昔

【摘要】当前我国的城市发展已进入新时代，城市交通正处在增量和存量规划的转折期，有必要对过去一段时期的城市交通发展进行总结分析，为新时期城市交通发展提供参考。重庆过去十余年来城市交通取得了长足的发展，本文对近十年来重庆中心城区的人口和机动化出行总量、交通设施建设、机动化出行分担率变化、交通需求空间分布变化等进行了回顾、总结，对变化特征及原因进行了剖析，并结合重庆市近年来的交通需求管理实践经验，对新时期城市交通的发展策略进行了思考和展望。

【关键词】中心城区；交通发展；出行特征；需求管理；发展策略

【作者简介】

吴翱翔，男，硕士，重庆市交通规划研究院，高级工程师。电子邮箱：1031669170@qq.com

刘孟林，男，学士，重庆市交通规划研究院，工程师。电子邮箱：279438641@qq.com

杨昔，女，硕士，重庆市规划展览馆（重庆市规划研究中心），工程师。电子邮箱：352740648@qq.com

片区综合开发地下空间交通需求预测及“库、路”协同组织规划方法

魏　越　程小丹　韩军红　张兴雨

【摘要】近年来，随着我国对于地下空间利用要求不断提高，片区级综合开发模式利用不断深入，也暴露出项目出入口增多、临街界面空间不足、车库出入口与城市道路干扰严重、相邻出入口互相干扰、出入口交通组织与主交通流衔接不畅、“路、库”交通转换效率低下等诸多问题。但是在实际操作过程中，由于车库设计往往处于项目设计阶段的后半程，因此在片区相关规划中往往因为缺少分析资料而被忽视，所以片区层面的专门针对于车库交通需求预测、车库出入口布局规划和交通组织目前还仅停留于很浅薄的阶段，在建设过程中存在不科学、不合理、难管控的情况。本文通过对西部地区某综合开发片区产业类型、用地特征、交通构成等内容进行研究，得出适用于片区发展模式和未来规划愿景的地下车库交通需求预测及“库、路”协同组织规划方法。

【关键词】片区综合开发；交通规划；地下车库；交通组织规划；交通需求预测

【作者简介】

魏越，男，硕士，陕西省城乡规划设计研究院，工程师。电子邮箱：448503506@qq.com

程小丹，女，硕士，陕西省城乡规划设计研究院，工程师。电子邮箱：1344857862@qq.com

韩军红，女，硕士，陕西省城乡规划设计研究院，工程师。

电子邮箱：376826429@qq.com

张兴雨，女，硕士，陕西省城乡规划设计研究院，工程师。
电子邮箱：zhangxingyusatan@qq.com

山地小城镇骨架路网体系规划思考

——以云南省墨江县为例

张　翔　何保红　郭　淼　唐　翀　苏镜荣

【摘要】山地小城镇受地形和环境等因素影响，依山就势形成以带状为主的城市空间形态，其特定的城市空间结构及土地利用对骨架路网体系规划提出了较高要求。本文以云南省墨江县为例，充分考虑山地小城镇城市空间发展结构、面临的机遇和挑战等，基于“以路定城”的整体发展战略，对骨架路网进行重构，提出了解决云南省山地小城镇城市交通问题的系统性方案。

【关键词】山地小城镇；骨架路网；规划

【作者简介】

张翔，女，硕士，深圳市城市交通规划设计研究中心股份有限公司云南分公司，工程师。电子邮箱：615582070@qq.com

何保红，女，博士，昆明理工大学交通工程学院，教授。电子邮箱：94002267@qq.com

郭淼，男，博士，昆明理工大学交通工程学院，讲师。电子邮箱：guomiao@kust.edu.cn

唐翀，男，硕士，深圳市城市交通规划设计研究中心股份有限公司云南分公司，教授级高级工程师。电子邮箱：tangc@sutpc.com

苏镜荣，男，硕士，深圳市城市交通规划设计研究中心股份有限公司云南分公司，教授级高级工程师。电子邮箱：sujingr@sutpc.com

北京市高快速路网规划建设研究及展望

范　猛

【摘要】随着《北京城市总体规划（2016 年—2035 年）》的颁布，北京市确定了“四个中心”功能定位与和谐宜居之都建设为发展目标。为构建与发展目标相适应的超大城市道路交通体系，本文开展北京市高快速路网体系研究。通过对北京市规划高快速路网梳理，分析了北京主城区高快速路的现状实施率和完善路网存在的问题，对下一步高快速路网提升实施率和提高运转效率的方向进行了展望，结合北京规划建设的特点给出了针对性的改善和推动策略，以促进首都交通体系的高质量发展。

【关键词】高快速路网；规划建设；路网实施率；实施策略

【作者简介】

范猛，男，硕士，北京市市政工程设计研究总院有限公司，道路交通院副总工程师，高级工程师。电子邮箱：277203852@qq.com

新常态时期武汉市轨道客流复苏与对策研究

肖逸影　成　萌　王　东　宋同阳

【摘要】为深入了解武汉市在公共卫生事件发生后客流复苏情况，并提出有效建议，本次研究选取武汉市轨道交通在公共卫生事件发生前、中、后的 AFC（Automatic Fare Collection）数据进行分析，从线网、线路、站点层层剖析，横向、纵向对比全日客流量、高峰小时断面、客流强度、轨道站点客流集散量、早高峰小时系数、运距等多维客流指标；在此基础上，研判轨道交通发展趋势；最后，从多网融合、轨道交通建设、轨道交通运营、韧性交通等方面针对性地提出客流复兴的对策。结果表明，公共卫生事件结束后，武汉市轨道交通客流情况还未恢复至发生前水平，因此还需在建设、运营等方面进行改善，着力增强轨道交通吸引力，助力客流复兴。

【关键词】轨道交通；AFC 数据；客流指标；客流复苏；公共卫生事件

【作者简介】

肖逸影，女，硕士，武汉市规划研究院（武汉市交通发展战略研究院），助理工程师。电子邮箱：625179697@qq.com

成萌，女，硕士，武汉市规划研究院（武汉市交通发展战略研究院），助理工程师。电子邮箱：1144701344@qq.com

王东，男，学士，武汉市规划研究院（武汉市交通发展战略研究院），高级工程师。电子邮箱：w027@vip.qq.com

宋同阳，男，硕士，武汉市规划研究院（武汉市交通发展战

略研究院），高级工程师。电子邮箱：754763864@qq.com

基金项目：武汉市交通强国建设试点科技联合项目“武汉都市圈 1 小时通勤圈发展研究”（2023-2-3）

深圳陆路口岸发展的理论框架与规划策略：基于产业、空间、交通协同视角

肖　胜

【摘要】 本文从产业、空间、交通三个维度，建立陆路口岸与城市发展互动的理论框架。通过梳理深圳陆路口岸和城市发展的历程，指出陆路口岸促进了外向型经济发展，支撑了组团式城市空间结构，奠定了交通网络基本格局。结合粤港澳大湾区和香港北部都会区建设的时代背景，提出基于产业支撑的服务优化策略、基于空间重构的城市融合策略、基于互联互通的交通衔接策略，为新时期深圳陆路口岸规划建设提供参考。

【关键词】 城市规划；陆路口岸；产业；空间；交通

【作者简介】

肖胜，男，硕士，深圳市规划国土发展研究中心，教授级高级工程师。电子邮箱：157562177@qq.com

“小街区、密路网”提高路网通行效率的研究

谢泽钜　白仕砚

【摘要】随着城市发展，机动车保有量日益增加，人们的出行需求不断上涨，国内的马路越修越宽。但大街区、宽马路对机动车的吸引量也越来越大，车辆越多，马路越宽，交叉口负荷过大，居民出行日益不便，形成了恶性循环。合理的道路网密度与路网规划理念越来越重要。2016 年国务院明确提出要树立“窄街区、密路网”的城市道路布局理念，但是在实施过程中如何落地是至关重要的。本文通过对“小街区、密路网”理念进行研究分析，结合哈尔滨的道路网络形态，提出适用于哈尔滨道路网的规划理念模式。

【关键词】小街区；密路网；哈尔滨市；路网规划

【作者简介】

谢泽钜，男，硕士，哈尔滨市城乡规划设计研究院，工程师。电子邮箱：1491059753@qq.com

白仕砚，男，学士，哈尔滨市城乡规划设计研究院，副总工程师，研究员级高级工程师。电子邮箱：13945076088@139.com

城市轨道交通与常规公交复合网络构建方法
——以哈尔滨市为例

王宇萍　柏雪萌　王连震

【摘要】随着城市多模式公共交通协同发展，基于多模式公共交通网络的一体化出行成为发展趋势，而构建一个融合多种公交模式的复合网络是实现一体化出行的基础。本文在复杂网络理论的基础上用 Space L 方法构建了常规公交和城市轨道交通的拓扑网络模型，并分析了其拓扑统计特性和网络鲁棒性；以运输效率指标作为网络加权的方法，提出了城市轨道交通与常规公交复合网络构建方法，并以哈尔滨市南岗区为例进行了实证分析。结果表明，相对于单一公交网络，复合网络无论是拓扑统计特性还是网络鲁棒性均有提高。根据网络特性分析结果，本文对哈尔滨市公共交通网络规划和建设提出了相关建议。研究成果可为一体化出行路径规划方案的制定提供技术支持。

【关键词】复杂网络理论；城市公交网络；复合网络；网络加权方法；一体化出行

【作者简介】

王宇萍，女，硕士，哈尔滨市城乡规划设计研究院，研究员级高级工程师。电子邮箱：wangyuping004997@163.com

柏雪萌，女，本科生，东北林业大学。电子邮箱：278525449@qq.com

王连震，男，博士，东北林业大学，副教授。电子邮箱：rock510@163.com

基金项目：国家自然科学基金青年科学基金项目“封闭小区对城市路网交通流的影响机理及干预策略研究”（71701041），中央高校基本科研业务费专项资金项目“出行即服务理念下城市客运出行网络构建及路径规划方法研究”（2572019BG02）

街道全要素精准落地的规划指引策略研究

陈澍洋　万晶晶　李方卫

【摘要】街道是城市空间品质最直接的展示面，各地围绕街道设计工作编制了大量设计导则，呈现了以人为本的价值观导向趋势。但相关导则仍存在运用不便、缺乏制度保障规划理念落地的问题。本文针对上述问题，提出要素精准识别、详细规划指引及完善相关制度等保障策略，并以南昌市道路全要素规划编制过程中以在建工程为试点项目的案例，介绍了以规划导则为指引，编制具体道路全要素详细规划设计以指引街道要素规划方案准确落地的工作内容。

【关键词】全要素；街道设计；详细规划

【作者简介】

陈澍洋，男，硕士，深圳市城市交通规划设计研究中心股份有限公司，工程师。电子邮箱：chenshuyang@sutpc.com

万晶晶，女，硕士，南昌市城市规划设计研究总院集团有限公司，高级工程师。电子邮箱：jingjingeye@qq.com

李方卫，男，硕士，深圳市城市交通规划设计研究中心股份有限公司，高级工程师。电子邮箱：lifangw@sutpc.com

出行目标导向下的慢行交通规划管理设计策略

贾新昌

【摘要】在碳中和、碳达峰国家发展战略的大背景下，促进绿色出行将是未来城市发展和交通建设活动必须遵循的纲领之一，全国各地最新一轮的总体规划及国土空间规划都提出了较高的绿色出行目标。提升慢行交通出行比例，是实现绿色出行目标的主要抓手。容东片区是雄安新区第一片开工建设片区，基于容东片区服务绿色出行目标落地的规划实践，总结、提炼了规划慢行交通网络的规划体系策略，提升慢行交通空间的品质和效率的管理策略，打造优美慢行空间和环境的设计策略。基于容东案例所使用的策略，期望给现阶段我国慢行交通的建设一些启示以及可借鉴的方法和经验。

【关键词】绿色出行目标；慢行交通规划；交通管理；街道空间设计

【作者简介】

贾新昌，男，硕士，上海同济城市规划设计院有限公司，主创规划师，工程师。电子邮箱：1010777324@qq.com

北京市低运量轨道系统发展规划建议

张思佳

【摘要】本文从低运量轨道系统相比大中运量轨道系统、BRT系统的优劣势入手，剖析其在城市中不同功能场景、客流需求、道路空间影响等方面的适用条件。分析北京低运量轨道系统的发展现状，总结运营线路在时效性保障、与沿线用地实施时序匹配度、与地铁接驳便捷度等方面的问题。提出了低运量轨道系统在北京综合交通体系中是北京城市边缘集团之间的重要联系通道、“多点”新城内部的公共交通骨干线、中心城外围重点功能区内部服务的公共交通骨干线的功能定位。进而基于高质量、可持续的发展理念，提出北京低运量轨道系统规划发展建议，包括规划应注重“规划先行，近远期统筹”“谨慎审批，规避安全、运营、成本风险”，针对多元应用场景“量体裁衣，凸显系统优势”，强调TOD一体化融合等。

【关键词】轨道交通；低运量；适用条件；功能定位；发展策略

【作者简介】

张思佳，女，博士，北京市城市规划设计研究院，高级工程师。电子邮箱：15201326084@163.com

日本中央新干线规划特点及功能分析研究

孙艺宸　王翘楚　周　军

【摘要】高速磁悬浮系统是“后高铁时代”最具发展潜力的超高速地面交通工具之一，速度可达600km/h以上。高速磁悬浮可以强烈改变城市群之间的时空可达性，对于提升国家和城市群的竞争力具有积极影响，我国正在积极开展高速磁悬浮技术及规划布局研究工作。本次研究借鉴了目前唯一在建的高速磁悬浮——日本中央新干线，分析了日本中央新干线串联的三大都市圈的空间结构及城际轨道布局特征，以此为基础研究总结中央新干线规划背景及目标，并从车站区位、轨道接驳方式、与高铁和航空的关系等角度开展了中央新干线的交通功能分析研究，最后总结出了日本中央新干线对我国高速磁悬浮规划布局的借鉴意义，以期为高速磁悬浮在我国的布局规划提供参考。

【关键词】日本中央新干线；高速磁悬浮；东京都市圈；磁悬浮规划

【作者简介】

孙艺宸，男，硕士，深圳市规划国土发展研究中心，规划师，工程师。电子邮箱：396926900@qq.com

王翘楚，男，硕士，深圳市规划国土发展研究中心，规划师，工程师。电子邮箱：785936429@qq.com

周军，男，硕士，深圳市规划国土发展研究中心，综合交通所所长，教授级高级工程师。电子邮箱：422835812@qq.com

粤港澳大湾区融合发展背景下“一地两检”口岸特征分析及优化研究

孙艺宸　杨　涛　周　军　徐旭晖

【摘要】口岸通关模式及口岸设置涉及查验模式、管辖模式等诸多问题，本文在梳理、概括口岸通关相关概念的基础上，进一步明确口岸查验、通关、管辖的相关定义，为口岸查验模式的分类提供理论支撑。并在查验模式分类的基础上，针对主流的“一地两检”通关模式开展案例研究并总结其特征及适应性，进而提出粤港澳大湾区融合发展背景下口岸通关模式优化建议。

【关键词】“一地两检”；通关模式；查验模式

【作者简介】

孙艺宸，男，硕士，深圳市规划国土发展研究中心，规划师，工程师。电子邮箱：396926900@qq.com

杨涛，男，硕士，深圳市规划国土发展研究中心，副总规划师，高级工程师。电子邮箱：yangtao_suprc@163.com

周军，男，硕士，深圳市规划国土发展研究中心，综合交通所所长，教授级高级工程师。电子邮箱：422835812@qq.com

徐旭晖，男，学士，深圳市规划国土发展研究中心，综合交通所副所长，高级工程师。电子邮箱：xxhuisz2010@163.com

逆全球化背景下天津港国内国际双循环发展研究

安　斌

【摘要】为加快实现北方国际航运枢纽建设，在天津市 2023 年政府工作报告中，明确提出实施港产城融合发展行动，用好天津港战略资源和“硬核”优势，全力打造世界一流港口，推动“双循环”战略发展。但近年来，世界贸易摩擦不断加剧，地缘政治日渐抬头，天津港原有以国际市场为主的外拓式发展受到严重影响，在此背景下，有必要对天津港支撑国内国际双循环发展进行深入分析，研究港口发展和“双循环”发展间相互协调关系和耦合程度。本文利用耦合度模型和协调度模型对天津港支撑国内国际双循环发展进行定量评价，并依据分析结果给予措施建议。研究成果对天津打造世界级港口城市和港产城功能有机融合促进“双循环”发展有一定实际意义。

【关键词】国内国际“双循环”；逆全球化；天津港；协调发展

【作者简介】

安斌，男，硕士，天津市城市规划设计研究总院有限公司，高级工程师。电子邮箱：18502679714@163.com

基于市场机制的城市物流用地供给管理范式

王树盛　朱浩宇

【摘要】物流用地在城市经济活动中承载基础性功能，物流用地供地规模与方式直接影响物流空间租金价格和城市经济运行秩序。本文首先从供给侧、需求侧以及供需博弈关系的视角分析了物流空间供需逻辑，剖析了当前物流用地供给管理方式在技术逻辑、管控过程等方面存在的问题以及与市场机制存在的不匹配性，提出了“动态监测+相机决策”的物流用地供给思路，并区分不同的情景给出了差异化的物流用地供给策略，以提升物流用地的资源配置效率。

【关键词】物流用地；供给管理；土地资源配置；需求预测

【作者简介】

王树盛，男，博士，江苏省规划设计集团，研究员级高级工程师。电子邮箱：43284326@qq.com

朱浩宇，男，硕士研究生，南京理工大学。电子邮箱：1124527703@qq.com

深圳市轨道物流配送体系构建研究

孙夕雄　刘　琦

【摘要】随着电商新业态、新模式不断涌现，城市物流配送需求快速增长，导致交通拥堵和环境污染日益严重，发展轨道物流配送是解决城市矛盾的重要方法之一。本文从分析深圳市发展轨道物流的有利条件出发，结合高铁城际枢纽、轨道车辆段场、轨道车站构建了基于轨道交通的城市物流配送体系。然后深入分析了轨道物流的适宜应用场景和组织模式，最后基于上述理论方法，深圳市地铁集团和顺丰联合开展了轨道物流试验，充分证明了在深圳发展轨道物流的技术可行性。

【关键词】轨道物流；城市配送；体系构建

【作者简介】

孙夕雄，男，硕士，深圳市规划国土发展研究中心，高级工程师。电子邮箱：876685436@qq.com

刘琦，女，硕士，深圳市规划国土发展研究中心，高级工程师。电子邮箱：56873862@qq.com

迈向全球城市的深圳综合交通发展目标指标体系构建

张道玉　邓　琪

【摘要】合理的目标指标体系是在新阶段、新理念、新格局和新技术背景下指导城市综合交通发展的重要指挥棒。本文以深圳市在迈向全球城市阶段的综合交通发展目标指标体系构建为例，梳理全球城市不同阶段交通发展重点，总结了全球城市在全球地位确立阶段推动对外交通基础设施建设、建立集约的城市内部公共交通系统、以区域交通支撑都市圈发展和将新兴技术应用于交通领域等经验，以及在当前阶段致力于建立高效、安全、舒适、低碳、活力、智慧的交通运输系统的经验，同时梳理自身交通发展历程和未来交通发展面临趋势，分析交通发展的优劣势，并形成畅联、可达、智慧、高效、绿色、人文为导向的综合交通发展目标和相应指标体系，以支撑建立竞争力、创新力、影响力卓著的全球标杆城市。

【关键词】全球城市；综合交通；目标；指标

【作者简介】

张道玉，男，硕士，深圳市规划国土发展研究中心，工程师。电子邮箱：happyzhangdaoyu@163.com

邓琪，男，硕士，深圳市规划国土发展研究中心，高级工程师。电子邮箱：5700274@qq.com

存量发展背景下超大城市 TOD 发展实践与战略思考

——以深圳市为例

龙俊仁　张徐昊　周溶伟

【摘要】基于 TOD 发展理念，轨道交通如何更好地引导城市发展已成为政府与行业共同关切，并上升为城市战略。本文在土地存量发展背景下，系统梳理深圳 TOD 发展历程、成效，总结值得延续与推广的成功实践经验，剖析当前 TOD 发展面临挑战，提出超大城市 TOD 发展战略思考，关键是协调好城市更新与城市轨道交通网络提质增容以及轨道与多方式一体化关系，完善、支撑 TOD 高质量发展顶层政策，推动轨道交通导向的 TOD 向更高效、更公平、更可持续发展。

【关键词】存量时代；轨道交通；TOD；发展战略

【作者简介】

龙俊仁，男，硕士，深圳市城市交通规划设计研究中心股份有限公司，轨道与城规二院副院长，高级工程师。电子邮箱：ljr@sutpc.com

张徐昊，男，硕士，深圳市城市交通规划设计研究中心股份有限公司，助理工程师。电子邮箱：zhangxuhao@sutpc.com

周溶伟，男，硕士，深圳市城市交通规划设计研究中心股份有限公司，工程师。电子邮箱：zhourongwei@sutpc.com

基金项目：国家重点研发计划课题“站城融合立体网络空间运行性态智能评估和动态预测”（2023YFC3807503）

低空经济背景下城市空中交通发展的思考
——以苏州市为例

孙　健

【摘要】 城市空中交通（UAM）指在城市内或城市群内上空，使用有人驾驶或无人驾驶航空器进行载货或载客的通用航空运输活动，它是低空经济的重要载体和应用场景。为探究低空经济背景下 UAM 发展的策略和方向，本文以苏州市为具体对象开展相关研究。首先，调研国内低空经济发展现状，回归分析低空经济与新质生产力关系，结果表明低空经济可以显著推动新质生产力的发展；其次，从气候环境、经济基础、产业支撑等 6 个维度论述了苏州发展 UAM 的基底条件和可行性；最后，针对目前 UAM 发展面临的问题与挑战，提出苏州地区发展 UAM 的策略，包括规范监管体系、改善运行环境、培育应用场景、强化信息监控及完善保障措施。相关研究成果可供类似城市建设 UAM 参考借鉴。

【关键词】 低空经济；城市空中交通；新质生产力；发展策略；垂直起降航空器

【作者简介】

孙健，男，硕士，悉地（苏州）勘察设计顾问有限公司，高级工程师。电子邮箱：1029740135@qq.com

“高铁+”网络下关中平原城市群联系网络结构演化研究

李博轩　侯全华

【摘要】高铁与普铁的融合是影响关中平原城市群高铁与非高铁城市间相互联系的重要因素，研究“高铁+”网络下城市群网络结构的演变规律以及识别节点城市十分重要。本文利用复杂网络方法从“高铁+”网络与高铁网络的对比、不同时期“高铁+”网络中解析城市群城市联系网络的演变特征，并识别中转城市。结果表明：①相较于高铁网络，“高铁+”网络下关中平原城市群联系网络覆盖城市数量更多，但部分小城市间的联系较少，存在核心边缘结构，其小世界特征不够明显。②西安、渭南、宝鸡、杨陵四市始终为城市群主要中转枢纽，不仅自身要素集聚，且承担重要枢纽功能；天水、永济、侯马等城市中转作用不断增强，城市群东、西部地区联系更加紧密。③关中平原城市群联系网络与陇海铁路干线走向密切相关，“高铁+”网络能更大程度地发挥其长距离联系的优势，进一步增强核心与边缘城市之间的联系。针对城市群联系网络发展现状，提出未开通高铁的城市应进一步融入“高铁+”网络，加强与周边城市的联系，完善高铁与普铁网络的连接性，改善枢纽城市换乘站点的交通便捷度、舒适度等，缩短换乘时间。

【关键词】“高铁+”网络；城市联系；空间结构；复杂网络；关中平原城市群

【作者简介】

李博轩，男，硕士研究生，长安大学建筑学院。电子邮箱：

1583681947@qq.com

侯全华，男，博士，长安大学建筑学院，院长，教授。电子邮箱：houquanhua@chd.edu.cn

山地城市交通适老化探索

——以重庆中心城区为例

金　雪　丁千峰　李毅军

【摘要】 人口老龄化是我国社会当前和未来一段时期面临的重要发展形势，既有的交通供给难以完全满足老年人口迅猛增长带来的各类交通需求，需要有不断迭代的更完善的交通系统予以支撑。重庆中心城区作为典型的山地城市，就自身的本底条件而言，交通面临更大的适老化挑战。本文通过分析老年人的生理、心理特征和出行特征，结合现场踏勘调研，识别步行、地面公交以及轨道交通在出行舒适性、便捷性、安全性等方面存在的短板，并提出相应的优化改善措施，以期为后续交通系统的适老化改造提供借鉴和参考。

【关键词】 老龄化；适老化交通；无障碍出行；出行特征

【作者简介】

金雪，女，硕士，重庆市交通规划研究院，工程师。电子邮箱：2441893010@qq.com

丁千峰，男，硕士，重庆市交通规划研究院，正高级工程师。电子邮箱：820342618@qq.com

李毅军，男，硕士，重庆市交通规划研究院，助理工程师。电子邮箱：1030599259@qq.com

近郊城景融合地区交通高质量发展策略研究

夏 天 刘雪杰 张颖达 朱晓静

【摘要】随着城市的不断扩张，近郊型景区所在区域城市活动要素日益增多，交通配套设施除了要满足景区交通需求，支撑近郊区域的可持续、高质量发展也变得极其重要，系统化、低碳化、品质化的交通服务成为新时代高质量发展的要求。本文分析了近郊城景融合地区交通需求特征，剖析存在的关键问题，以北京市香山—国家植物园地区为例，结合交通高质量发展内涵，提出一套促进城市与景区交通协调发展的综合交通发展对策，在缓解交通拥堵的同时提升日常出行环境质量，打造近郊城景融合地区建设标杆。

【关键词】近郊地区；旅游交通；城市交通；城景融合；香山—国家植物园地区

【作者简介】

夏天，女，硕士，北京交通发展研究院，高级工程师。电子邮箱：xiatian8611@163.com

刘雪杰，女，博士，北京交通发展研究院，正高级工程师。电子邮箱：99168723@qq.com

张颖达，男，硕士，北京交通发展研究院，工程师。电子邮箱：Zhangyd@bjtrc.org.cn

朱晓静，女，硕士，北京交通发展研究院，工程师。电子邮箱：1329194029@qq.com

基于多目标优化模型的旅游路线规划研究

孙浩冬　王　蕊　刘思杨　陈艳艳

【摘要】旅游路线规划是一个涉及多因素、多组合的复杂综合问题。本文综合考虑游玩时间、景点吸引强度、景点拥挤度、景点可达性等多因素，建立了以出行距离最短、路线出行联系强度最高、景点综合拥挤程度最小为目标的多目标优化方程。在此基础上，提出了一种融合了距离系数、景点出行联系强度系数及迭代阻尼系数的改进蚁群搜索算法，以厦门鼓浪屿旅游区域为例，建立优化方程并求解。结果表明，改进的蚁群搜索算法能够在保证推荐的旅游路线合适的前提下，有效地考虑游客的游玩时间和景点的吸引力强度，推荐出行距离短、路线出行联系强度大和景区拥挤度低的多目标最优出行路线。

【关键词】旅游路线规划；多目标优化模型；蚁群优化算法

【作者简介】

孙浩冬，男，博士，北京市城市规划设计研究院，工程师。电子邮箱：haodongzs@163.com

王蕊，女，博士，北京市城市规划设计研究院，工程师。电子邮箱：16115261@bjtu.edu.cn

刘思杨，男，博士，长沙理工大学，讲师。电子邮箱：liusiy@csust.edu.cn

陈艳艳，女，博士，北京工业大学，教授。电子邮箱：cdyan@bjut.edu.cn

不同流视角下的黔中城市群空间联系及网络特征研究

赵庆文

【摘要】本文基于交通流、信息流、人流数据构建城市群内城市间的联系网络，基于经济流数据构建城市群内县区间的联系网络，运用社会网络分析法和GIS空间分析法，在流空间视角下，探究黔中城市群内部空间联系强弱及分析网络结构特征。结果表明：①在交通、信息、人口流动方面，贵阳市与黔中城市群内各城市均形成了较强关联，但其余各城市间的联系强度则普遍较低，不同流网络表现出相似稳定性和多元差异性的统一。②从综合流来看，黔中城市群以贵阳为中心的网络结构特征明显，空间网络高度集中，同时，城市群外围也缺少与核心城市功能互补的次级中心结构。③黔中城市群县区间的经济联系网络密度为0.352，整体网络密度较低，并且“核心—边缘”结构明显。

【关键词】流空间；黔中城市群；空间联系；社会网络分析；空间网络特征

【作者简介】

赵庆文，女，硕士研究生，昆明理工大学交通工程学院。电子邮箱：1599204201@qq.com

都市圈中心城市边界地区跨市出行特征研究

——以深莞惠为例

胡家琦

【摘要】深圳都市圈建设涉及深莞、深惠跨界地区发展的协同治理。受行政区划限制，边界地区跨城出行传统调查很难顺利开展，本文融合手机信令数据、高速公路收费和常规公交刷卡及传统道路流量调查等多源数据，分析邻深地区跨市出行特征。研究表明：深莞惠跨市出行主要集中在莞惠邻深边界地区连绵城镇带之间，且为双向互动联系，与深圳都市核心区之间联系有待加强；交通方式上以道路交通联系为主，承担90%以上跨市交通出行，轨道交通出行占比很低。未来交通规划应重点考虑增加轨道交通设施供给，支撑空间要素高效流动，促进都市圈一体化高质量发展。

【关键词】都市圈；多源数据；邻深地区；跨市出行；通勤交通

【作者简介】

胡家琦，男，硕士，深圳市规划国土发展研究中心，副主任规划师。电子邮箱：541651703@qq.com

多专业协同和全过程分析的道路竖向规划研究

——以天津市葛沽历史文化名镇道路竖向规划为例

高　瑾　郭本峰　董永超

【摘要】本文在“多规合一”国土空间规划体系的推进、信息技术在城乡规划领域的深化应用和多元投资模式的新时期背景下提出了基于多专业协同和全过程分析的竖向规划工作思路。以天津市葛沽历史文化名镇竖向规划实践为例，针对新时期背景下竖向规划涉及要素和目标多元的特点，基于多专业协同理念融合生态保护、景观塑造、历史保护、水系、交通组织、道路设计、综合管线等以及基于规划、建设和运营的全过程分析对竖向规划影响因素进行梳理，并提出相应规划响应对策。结合片区特点提取关键因素，并对影响因素从刚性到柔性排序，划分为约束性因素、控制性因素和互动性因素，据此制定竖向规划流程，发挥多专业协同作用相互反馈、相互验证，编制以道路竖向方案为主线，与水系和场地融合的竖向规划方案。实现了形成完整展现古镇特色景观形态，体现生态优先、历史文化保护理念，建设阶段技术可行、成本经济，运营阶段运行高效、舒适安全的竖向规划方案目标。

【关键词】竖向规划；多专业协同；全过程分析；历史文化保护；景观塑造；绿色生态

【作者简介】

高瑾，女，硕士，天津市城市规划设计研究总院有限公司，

高级工程师。电子邮箱：gjmlss_seu@163.com

郭本峰，男，硕士，天津市城市规划设计研究总院有限公司，正高级工程师。电子邮箱：40237328@qq.com

董永超，男，学士，天津市城市规划设计研究总院有限公司，高级工程师。电子邮箱：dongyong5858@163.com

高质量发展背景下南昌轨道与用地协同性评估

万晶晶　钱天乐

【摘要】城市轨道交通客流是影响城市空间结构、产业布局和经济建设的重要因素。轨道建设投资巨大、成网运营后建设资金和还债压力逐年增加，只有具备一定客流效益才能实现可持续发展。但目前各大城市轨道交通普遍存在线路和站点冷热不均，部分站点客流时空不均衡性高，车站空闲、线路末端满载率低，运能潜力大的状况。本文结合南昌市轨道交通运营、城市用地、手机信令等多元交通大数据，从客运量、用地结构、人口分布等角度出发，分析不同圈层轨道影响范围分布和人口岗位发展、土地利用情况，定量分析轨道站点周边用地与站点客流的关联性，旨在引导城市进一步优化轨道线站位与用地的合理布局，促进轨道—空间—产业三要素协调发展。

【关键词】轨道交通；用地空间；协同发展；轨道客流；回归分析

【作者简介】

万晶晶，女，硕士，南昌市城市规划设计研究总院集团有限公司，高级工程师。电子邮箱：jingjingeye@qq.com

钱天乐，男，博士，南昌市自然资源和规划局，南昌市规划国土发展研究中心，详细规划科负责人，高级工程师。电子邮箱：9282327@qq.com

城市更新地区综合交通规划实践

——以上海北外滩为例

江文平

【摘要】随着城镇化水平的提高，城市发展由增量扩张转向存量优化，实施城市更新成为城市未来工作的重点。统筹优化交通系统，既是城市更新的重要内容，也是重要基础支撑。传统以满足需求为导向、扩张型发展的交通规划方法面临空间资源和建设条件的制约，本文以上海北外滩城市更新为例进行存量规划的应用实践。首先借鉴国际成熟中央商务区（CBD）发展经验，结合出行差别化策略，形成相对合理可行的出行方式结构；然后以路网承载力为约束，确定区域更新开发规模；最后从公交与慢行、停车供应与管理、交通组织与引导等方面提出综合交通解决方案，实现出行方式结构预期目标，支撑地区功能，为类似地区的综合交通规划提供案例借鉴。

【关键词】城市更新；CBD；存量规划；路网承载力；差别化策略

【作者简介】

江文平，男，硕士，上海市城乡建设和交通发展研究院，高级工程师。电子邮箱：77394140@qq.com

城市道路网络结构与多层次常规公交布局的空间耦合评价

——以深圳市为例

钟楚捷　管安茹　吴佩庭　吕　楠

【摘要】城市常规公交的运营效率既受制于城市道路网络的空间结构，同时也与其自身的层次构成及其空间布局密切相关。本文综合多源数据，以交通小区为基本单元，分析、评价城市道路网络结构特征和多层次常规公交的空间布局特征，并分析两者空间耦合程度，识别两者空间协同发展不佳甚至错配的区域（简称空间错配区），最后结合公交刷卡数据反映的常规公交出行需求分布，对主要空间错配区提出了规划指引。研究结果发现，深圳市中心城区的道路网络结构与多层次常规公交布局特征的空间耦合程度较高，而空间错配区主要出现在城市外围区域。其中，涉及快线与支线公交的空间错配区主要因为道路连通性不佳，而涉及干线公交的空间错配区主要由道路密度不足导致。针对空间错配区的规划指引旨在促进城市道路网络结构与多层次常规公交的空间耦合发展，满足居民的差异化公交出行需求，通过改善常规公交的出行效率，提高常规公交出行竞争力。

【关键词】道路网络；多层次常规公交；空间耦合；空间错配；双变量空间自相关

【作者简介】

钟楚捷，男，硕士，广州市交通规划研究院有限公司，助理规划师。电子邮箱：827503395@qq.com

管安茹，女，硕士，深圳大学建筑与城市规划学院。电子邮箱：anrull@qq.com

吴佩庭，女，硕士，广东工业大学建筑与城市规划学院。电子邮箱：LinnieGreen_338118@163.com

吕楠，女，硕士，深圳市综合交通与市政工程设计研究总院有限公司，高级工程师。电子邮箱：15637111@qq.com

控制性详细规划调整交通影响评价中的路网优化

——以昆明市盘龙区兴龙片区为例

徐 骏 刘 洪 李月娇 王胜旗 何志刚

【摘要】为满足兴龙片区城市更新工作和片区发展建设需求，盘龙区组织编制《盘龙区兴龙片区控制性详细规划修改》，由于云南农业大学提出取消校园内规划市政道路的诉求，涉及调整兴龙片区路网结构。本文在现状调研和对原控制性详细规划和控制性详细规划修改方案深入分析的基础上，总结存在问题，从对外交通、与周边区域联系、路网结构、路网指标、道路等级、交通组织、交通运行等方面对片区控制性详细规划修改方案进行交通影响评价，提出相应的改善措施和优化建议。进而围绕本次修改涉及的主要矛盾点——云南农业大学内规划道路取消问题，作出了深入、细致的分析与评价，并提出了针对性的优化方案，为本次控制性详细规划调整工作的推进和实施提供了有力支撑，并可为类似项目提供经验借鉴。

【关键词】路网优化；控制性详细规划交通影响评价；高校与市政路网衔接

【作者简介】

徐骏，男，学士，昆明市建筑设计研究院股份有限公司，工程师。电子邮箱：2041867014@qq.com

刘洪，男，硕士，昆明市建筑设计研究院股份有限公司，高级工程师。电子邮箱：350249390@qq.com

李月娇，女，学士，云南国山空间规划设计有限公司，助理工程师。电子邮箱：2645024279@qq.com

王胜旗，男，学士，云南国山空间规划设计有限公司。电子邮箱：2539646603@qq.com

何志刚，男，学士，云南国山空间规划设计有限公司。电子邮箱：2991716388@qq.com

考虑运营财务可持续性的城市轨道交通系统制式选择研究

周　琪　史芮嘉　张　研　彭赛荣　张思佳

【摘要】城市轨道交通系统制式的多元化发展为我国城市发展轨道交通提供了多样化选择，由于我国地域辽阔，不同城市的社会经济发展水平与交通需求差异较大，单一的城市轨道交通系统制式难以适应不同需求场景。本文在分析系统制式技术经济特性的基础上，从供需两侧分别研究了制式选型的影响因素，基于城市轨道交通系统全生命周期提出了考虑运营财务可持续性的系统制式选型方法。

【关键词】城市轨道交通；系统制式；全生命周期；客流需求；可持续

【作者简介】

周琪，女，博士，北京市城市规划设计研究院，工程师。电子邮箱：995162801@163.com

史芮嘉，女，博士，北京市城市规划设计研究院，高级工程师。电子邮箱：shi_ruijia@126.com

张研，男，硕士，北京市城市规划设计研究院，工程师。电子邮箱：18114062@bjtu.edu.cn

彭赛荣，男，硕士，中国铁道科学研究院，副研究员。电子邮箱：pengsair@163.com

张思佳，女，博士，北京市城市规划设计研究院，高级工程师。电子邮箱：18120246@bjtu.edu.cn

轨道交通运营背景下的公交定位及线网优化策略研究

孙庆军

【摘要】本文分析轨道交通与常规公交各自的特点，梳理两者在城市交通系统中的合理定位。基于功能定位，借鉴国内外城市的先进经验，总结提出轨道网络化运营背景下常规公交线网发展的五大策略。并以济南市为例，介绍了轨道成网运行背景下公交线网优化的主要策略。

【关键词】轨道接驳；公交线网优化；两网融合

【作者简介】

孙庆军，男，硕士，济南市城市交通研究中心有限公司，副所长，高级工程师。电子邮箱：iamfranksun@qq.com

寻找城市公共汽电车行业发展的第二增长曲线

——行业数字化转型发展研究

巩丽媛

【摘要】当前城市公共汽电车行业面临前所未有的挑战和考验，本文通过行业数据共享机制和数字化平台数据，分析行业的发展趋势和发展特点，从而提出行业转型发展的建议。

【关键词】公共汽电车行业；转型发展；第二增长曲线

【作者简介】

巩丽媛，女，硕士，准点公共交通研究院，高级工程师。电子邮箱：gongly@sina.com

上海2035年城市总体规划综合交通专项五年实施评估

顾　煜　龙　力　黄　臻

【摘要】《上海市城市总体规划（2017—2035年）》已实施五年，进行总体规划中综合交通专项评估是考量、监测规划实施效果的重要基础，也可为修正、完善规划中交通领域目标任务、推进后续规划实施提供重要依据。分析总体规划发布以来上海综合交通总体进展情况、面临的新形势和新要求，判断综合交通发展趋势。在梳理总体规划综合交通专项中各项任务目标的基础上，从国际航运中心发展、区域交通发展和市域交通发展三个方面开展评估，重点评估规划目标执行情况，分析规划实施及各系统发展面临问题，结合发展趋势要求提出针对性的发展对策建议。

【关键词】综合交通；实施评估；总体规划；上海市

【作者简介】

顾煜，男，硕士，上海市城乡建设和交通发展研究院综合交通规划研究所，副总工程师，建设室主任，高级工程师。电子邮箱：chemistgu@163.com

龙力，女，硕士，上海市城乡建设和交通发展研究院综合交通规划研究所，高级工程师。电子邮箱：496196205@qq.com

黄臻，女，硕士，上海市城乡建设和交通发展研究院综合交通规划研究所，高级工程师。电子邮箱：nicothuang@126.com

03 交通出行与服务

共享单车对轨道交通车站接驳交通方式分担率的影响

舒　心　高于越

【摘要】弄清轨道交通车站各接驳交通方式的分担率是确定接驳设施规模等工作的基础和前提，研究共享单车引入后对轨道交通车站接驳交通方式选择的影响，可为自行车接驳交通设施规划提供科学依据。本文以上海为研究对象，利用网络问卷调查共享单车引入后轨道交通车站接驳交通方式选择现状，并分析接驳时间、接驳费用、性别、年龄、月收入对乘客选择接驳方式的影响。利用非集计 Logit 模型完善了共享单车引入后轨道交通车站接驳交通方式划分模型，并验证其准确性。共享单车引入后，步行仍是最主要的接驳交通方式，但接驳分担率出现了明显的降低，使用共享单车替代了步行接驳的乘客最多；轨道交通车站的各接驳交通方式分担率与接驳时间和接驳费用存在显著的相关关系，呈现出接驳分担率随接驳时间与接驳费用增加而减小的趋势。

【关键词】共享单车；轨道交通车站；接驳交通；方式划分

【作者简介】

舒心，男，硕士，重庆市交通规划研究院，工程师。电子邮箱：410556356@qq.com

高于越，女，硕士，重庆市交通规划研究院，助理工程师。电子邮箱：244215099@qq.com

绿色出行视角下旅游型海岛交通空间适宜性研究

高丽燃

【摘要】当前我国处于城镇化快速发展时期，大众化、多样化的消费需求为旅游业发展提供了新的机遇。旅游客流总量的逐年上升，使得海岛旅游业进入蓬勃发展期，伴随而来的交通问题日益突显，在一定程度上破坏了当地的海洋生态系统，制约旅游业的发展。在生态文明建设指引下，如何以绿色交通为抓手，塑造宜居、宜游的交通空间，满足居民出行需求，解决旺季旅游客流出行需要，是旅游型海岛的城市空间规划、建设工作的重点之一。本文通过梳理旅游型海岛的交通特征，以海岛城市交通层为重点，总结当前主要交通问题。结合某海岛的交通规划实践，从内外交通系统协调、道路承载力、公共交通、慢行系统四个层面，研究讨论城市交通空间适宜性，可供旅游型海岛相关交通规划工作参考。

【关键词】旅游型海岛；交通空间；绿色出行

【作者简介】

高丽燃，女，硕士，北京清华同衡规划设计研究院有限公司，工程师。电子邮箱：403822247@qq.com

中国国际园林博览会交通规划关键技术研究
——以合肥为例

陈培文　宋泽堃　高德辉　曹宇程

【摘要】合肥市园博园位于城市绿心骆岗公园内，具有“城中型”园博园的典型特征，展会期间面临城市交通和游览交通叠加的双重压力，同时要兼顾满足展期大量的瞬时交通和展后交通设施的永续利用。本文在现状调研基础上，分析园区周边道路、公交、停车等交通特征，并预测目标年和运营五年后的项目交通量和背景交通量，分析园博园对周边道路、交叉口等关键节点的交通影响程度。在此基础上，按照展期、展后两个阶段统筹考虑的思路，根据不同交通特征确定机动车、公共交通、慢行等交通方式的组织模式和设施布局，为合肥园博会顺利开展打下基础。

【关键词】合肥园博园；交通特征；交通需求预测；交通规划

【作者简介】

陈培文，男，硕士，中国城市建设研究院有限公司，工程师。电子邮箱：chenpeiwen@cucd.cn

宋泽堃，女，硕士，中国城市建设研究院有限公司，工程师。电子邮箱：285247535@qq.com

高德辉，男，硕士，中国城市建设研究院有限公司，教授级高级工程师。电子邮箱：124922366@qq.com

曹宇程，男，学士，中国城市建设研究院有限公司，工程

师。电子邮箱：15811578760@139.com

基金项目：中国城市建设研究院有限公司科技创新基金“新时期中低运量系统规划设计关键技术研究——以惠山区为例”（YQ17T24017）

国内外轨道交通互联互通运营实践与思考

韩延彬

【摘要】轨道交通互联互通是推动干线铁路、城际铁路、市域（郊）铁路、城市轨道交通四网融合的主要措施。本文首先从运营条件和管理状态两个角度解读轨道交通互联互通的概念及内涵，简析共线运营、分线运营、跨线运营和接线运营四种互联互通模式的特点及适应性；其次介绍了国内外轨道交通互联互通运营实践案例，剖析其运营特点及经验教训；最后基于我国轨道交通现状特点，从顶层规划、多层级网络融合侧重点和模式适应性三个方面提出促进轨道交通互联互通运营的思考与建议。

【关键词】轨道交通；互联互通；运营组织；四网融合

【作者简介】

韩延彬，男，硕士，深圳市城市交通规划设计研究中心股份有限公司，工程师。电子邮箱：1047516761@qq.com

长沙市湘雅医院新院区交通优化策略研究

杨 创

【摘要】医院周边交通问题突出，历来是城市交通问题中的重点和难点。在医院规划和建设前期，对医院周边交通进行分析和优化是解决医院交通问题的重要途径。本文针对在建的长沙市湘雅医院新院区周边的交通现状进行分析与评估，从公共交通、道路交通、静态交通、出入口组织四个层面梳理院区存在的交通问题，针对性地提出优化策略，并对优化后的运行效果进行了预测。

【关键词】医院；交通优化；出入口组织

【作者简介】

杨创，男，硕士，长沙市规划勘测设计研究院，高级工程师。电子邮箱：893896785@qq.com

基于 GIS 网络分析的公共交通可达性影响分析

——以沈阳市地铁为例

张亚楠　白　涛

【摘要】城市的公共交通系统在城市交通发展中扮演着重要的角色，是城市建设不可或缺的组成部分。其中，轨道交通在缓解城市交通压力和转变交通方式方面起着举足轻重的作用。本文以沈阳市地铁为研究对象，采用 GIS 网络分析方法，从公共交通站点服务范围和平均可达时间等方面探讨地铁发展对城市居民的影响。地铁的开通虽然未显著扩大公共交通站点的服务范围，但却显著提高了城市公共交通网络的可达性。这种改善不仅使居民更加便利地抵达目的地，还有效降低了出行成本，为城市居民提供了更高效、便捷的出行选择。通过地铁系统的完善，城市居民的出行方式得以优化，交通效率得到提升，同时也为城市的可持续发展和环境保护作出了积极贡献。

【关键词】公共交通；地铁；可达性

【作者简介】

张亚楠，女，硕士研究生，沈阳建筑大学。电子邮箱：2395525804@qq.com

白涛，男，硕士，沈阳建筑大学，硕士生导师，副教授。电子邮箱：81421297@qq.com

重庆主城都市区交通出行特征与发展建议

吴祥国　翟长旭　张建嵩　张　颖

【摘要】本文基于手机信令、高速收费、铁路售票、长途客运售票以及社会经济等多源大数据资源，分析了重庆主城都市区的出行空间与时间分布、区域出行结构以及高速公路车型结构等特征。从出行空间上来看，主城都市区主要表现为中心城区与主城新区之间的各交通方式出行量级均较大，主城新区之间呈网络化出行，但出行量级均较小。从出行时间上来看，高速公路客车出行具有“双峰型”特征，出行时耗与距离均明显低于货车。从出行结构与车型结构来看，区域出行以小汽车等公路出行为主，高速公路车型结构以客车特别是一型客车为主。在此基础上，分析了重庆主城都市区人口产业分布、都市区通勤、多元化出行需求等方面的交通发展趋势，并提出构建形成四网融合多层次轨道交通体系以及补充区域快速公路的发展建议。

【关键词】交通规划；大数据；交通出行特征；发展建议；主城都市区

【作者简介】

吴祥国，男，硕士，重庆市交通规划研究院，教授级高级工程师。电子邮箱：252308215@qq.com

翟长旭，男，硕士，重庆市交通规划研究院，副院长，教授级高级工程师。电子邮箱：34045527@qq.com

张建嵩，男，博士，重庆市交通规划研究院，交通信息中心主任，教授级高级工程师。电子邮箱：43194344@qq.com

张颖，女，硕士，重庆市交通规划研究院，助理工程师。电子邮箱：zhangleahleah@163.com

共享单车接驳轨道交通车站特性研究

舒　心　邱　彪

【摘要】本文首先阐明了共享单车接驳轨道交通车站的定义，区分其与私人自行车接驳的区别；然后通过对上海典型轨道交通车站自行车停车场的现场调查，对共享单车接驳轨道交通车站的特性进行了较为深入的研究，包括共享单车接驳轨道交通车站的停放总量变化、各时段停取特征、非换乘停车率，并与相关研究中的数据进行对比总结。研究发现私人自行车工作日停车高峰主要在7:00～8:30，取车高峰出现在17:00后，停车总量峰值出现在12:00至14:00时段内；而共享单车轨道车站工作日停车高峰主要在7:00～8:00，且停车总量峰值出现在8:00左右即早高峰，取车高峰出现在8:00～9:00以及17:00以后；私人自行车、助动车平峰时段停车、取车均极少，而共享单车平峰时段停车与取车相对均衡，实际变化量反而不大；共享单车非换乘停车率大于私人自行车，主要表现为轨道交通服务型停车场非机动车非换乘停车率小于紧邻公交枢纽型，紧邻公交枢纽型小于紧邻大型商场型停车场。

【关键词】共享单车；轨道交通车站；接驳特性

【作者简介】

舒心，男，硕士，重庆市交通规划研究院，工程师。电子邮箱：410556356@qq.com

邱彪，男，学士，重庆市交通规划研究院，高级工程师。电子邮箱：408610156@qq.com

新发展阶段高速公路服务区提质增效策略研究

——以广东省为例

曾栋鸿

【摘要】高速公路服务区是服务公众出行的重要窗口，是展示地方文化的重要平台，是发展路衍经济的重要引擎。本文回顾了我国高速公路服务区的发展历程，从旅客需求、地方发展、行业发展三个角度探讨新发展阶段对服务区的发展要求。以广东省为例，在分析现有服务区发展水平及存在问题的基础上，提出服务区提质增效发展策略：一是结合地域资源打造特色服务区，拓展服务功能，提升服务品质，满足人民群众对美好出行的需要；二是打破服务区边界，试点建设开放式服务区，推动服务区与地方产业融合，强化对地方辐射带动作用；三是创新运营管理模式，实行品牌化经营，引入轻资产运营模式，培育服务区路衍产业集群，打造新的利润增长点，促进行业可持续发展。

【关键词】交通规划；高速公路服务区；提质增效；路衍经济

【作者简介】

曾栋鸿，男，硕士，广东省交通规划设计研究院集团股份有限公司，综合规划研究院副院长，高级工程师。电子邮箱：85351037@qq.com

城中型园博园交通组织规划框架及关键要点

宋泽堃　陈培文　高德辉

【摘要】中国国际园林博览会是综合展示国内外城市建设和城市发展新理念、新技术、新成果的国际性展会。为有效保障园博园展会期间交通顺畅有序、展后交通可持续发展，需要开展园博园交通组织规划。因园博园所处地理位置不同，其交通需求特点、交通组织目标及策略、交通组织规划方案编制要点等均有差异。区别于历届园博园均位于城市郊区，第十四届中国（合肥）国际园林博览会展园（简称“合肥园博园”）位于城市的核心区域，属于典型的“城中型”园博园。本文选取合肥园博园为城中型园博园代表，在充分剖析园博园展会期间交通需求特征及主要问题的基础上，从城中型园博园在道路交通、静态交通、公共交通、慢行交通、出入口交通、智慧交通等方面明确其规划设计要点。

【关键词】国际园林博览会；交通组织；交通规划；交通特征；规划思路

【作者简介】

宋泽堃，女，硕士，中国城市建设研究院有限公司，工程师。电子邮箱：17125693@bjtu.edu.cn

陈培文，男，硕士，中国城市建设研究院有限公司，工程师。电子邮箱：1215065193@qq.com

高德辉，男，硕士，中国城市建设研究院有限公司，教授级高级工程师。电子邮箱：124922366@qq.com

基金项目：中国城市建设研究院有限公司科技创新基金“数字赋能的园林博览会园区交通规划关键技术研究”（Y01T24001）

天津东疆湾景区旅游交通出行方式分析

王军宇　何枫鸣　芮晓丽　赵晓晨

【摘要】新冠疫情后天津东疆湾景区旅游迎来爆发式增长，旅游旺季大量游客涌入景区造成交通拥堵，影响旅游经济发展。明确影响游客出行方式选择的因素，对提升旅游交通服务水平起到重要作用。本文简要介绍了天津东疆湾景区旅游交通现状情况及存在问题，通过在暑期旅游旺季开展交通调查，除游客的性别、年龄、客源地、同行人数等个人信息外，针对是否关注景区信息、每年来东疆湾景区的旅游次数、是否在景区有消费意愿等景区相关信息进行统计。建立巢式 Logit 模型，标定模型参数，并结合模型参数标定结果进行分析，研究结论可为景区旅游交通组织管理提供对策建议，为提升城市旅游景区发展作出贡献。

【关键词】出行特征分析；旅游交通；出行方式选择；巢式 Logit 模型

【作者简介】

王军宇，男，硕士，天津市城市规划设计研究总院有限公司，工程师。电子邮箱：iwangjy@163.com

何枫鸣，男，硕士，天津市城市规划设计研究总院有限公司，高级工程师。电子邮箱：wdhfm123@126.com

芮晓丽，女，硕士，天津市城市规划设计研究总院有限公司，工程师。电子邮箱：1054132960@qq.com

赵晓晨，女，硕士，天津市城市规划设计研究总院有限公司，工程师。电子邮箱：zhaoxiaochen_hit@163.com

市域（郊）铁路跨区域互联互通标准框架的研究

王忠强　刘明姝

【摘要】本文以上海轨道交通与周边城市互联互通为例，探索轨道交通跨区域标准衔接的思路和总体框架。通过梳理轨道交通标准体系，可得出目前市域（郊）铁路跨区域运输还缺乏互联互通的标准体系，原因在于跨区域运输需求不明确，运输组织不清晰，市域（郊）铁路在跨区域运输标准层面缺乏协调。国际案例研究结果表明，市域（郊）铁路跨区域的互联互通需要在都市圈轨道网规划、构建上层组织协调结构、编制互联互通标准三个层面开展工作。标准编制内容包括基础设施层面、运营管理层面、运输服务层面，标准的制定需要结合行业标准、地方标准和互联互通线路情况综合确定。

【关键词】市域（郊）铁路；互联互通；标准框架

【作者简介】

王忠强，男，博士，上海市城乡建设和交通发展研究院，高级工程师。电子邮箱：wzqqzw2013@163.com

刘明姝，女，硕士，上海市城乡建设和交通发展研究院，高级工程师。电子邮箱：liumingshutj@126.com

共享单车与地铁接驳模式划分及建成环境影响因素研究

戴文龙　陈学武

【摘要】优化共享单车接驳是解决地铁系统出行“最后一公里”问题的有效策略。本文通过挖掘共享单车用户骑行的时空特征，划分四种“共享单车+地铁”使用模式，并构建梯度提升回归树模型分析建成环境因素对各模式接驳出行的影响。研究发现人口密度、距市中心距离等因素对不同接驳模式的有效作用范围存在差异；早高峰购物设施和混合土地利用与接驳出行负相关，晚高峰与之相反。研究结果可为地铁站周边设施规划与共享单车运营管理提供参考。

【关键词】共享单车；接驳；地铁；建成环境

【作者简介】

戴文龙，男，硕士研究生，东南大学。电子邮箱：1475782076@qq.com

陈学武，女，博士，东南大学，教授。电子邮箱：chenxuewu@seu.edu.cn

基金项目：国家自然科学基金项目“供需信息交互下集约型公交与共享自行车出行选择机理及资源协同配置”（52172316）

降本增效背景下的温州市微公交发展研究

袁 亮 刘依敏

【摘要】2012 年温州市推出微公交服务，在公交客流总量明显下降的近十年，微公交客流的总体规模和相对占比均双双向好，但依然面临经济效益有所下降的难题。研究通过运营数据的时空分析、多类乘客问卷调查等，了解温州微公交在增加覆盖、接驳轨道、服务老幼和便利生活等方面发挥的社会效益，同时客观统计各线路的经济效益，并分析不同区域、不同类型微公交线路的效益特征。本文直面温州微公交在运力配置、营运模式、智能水平和宣传服务等方面存在的主要问题，在“四定”发展策略和“1 分钟响应，3～5 分钟接客”服务目标的指导下，提出合理配车、优化线路、差异服务，提高网约智能水平，通过增效间接地降本，发挥微公交对优化城市交通结构、增强出行服务能力、促进公共交通整体协调发展的作用。

【关键词】微公交；绿色出行；公共交通；公交优化；降本增效

【作者简介】

袁亮，女，学士，温州市城市规划设计研究院有限公司，高级工程师。电子邮箱：93316300@qq.com

刘依敏，女，学士，温州市城市规划设计研究院有限公司，工程师。电子邮箱：liuyiminchn@foxmail.com

基于密度聚类算法的京津冀城际出行热点区域识别

王 蕊 张 宇 郑 猛 刘晓冰 龚 嫣

【摘要】京津冀协同发展是优化国家发展区域布局、优化社会生产力空间结构、打造新的经济增长极、形成经济发展新方式的需要，是新时期我国的重大发展战略之一。在城市群尺度下，城际出行是一种特有的常态化出行模式，城际出行的热点在很大程度上表征着区域发展活力。目前针对京津冀城际出行的热点区域研究相对较少，在研究数据、研究方法等方面存在一定局限。本文利用手机信令大数据，在传统 DBSCAN（density-based spatial clustering of applications with noise）算法的基础上，构建基于网格城际出行量的空间密度聚类算法。以京津冀地区为例，识别出京津冀区域内城际出行热点区域，分析多类热点区域的空间分布和需求特征，并将聚类结果与京津冀协同发展空间布局目标进行对比，为下一阶段的京津冀城市群空间规划建设提供决策支撑。

【关键词】京津冀；城市群；城际出行；聚类算法；手机信令数据

【作者简介】

王蕊，女，博士，北京市城市规划设计研究院，工程师。电子邮箱：16115261@bjtu.edu.cn

张宇，男，硕士，北京市城市规划设计研究院，正高级工程师。电子邮箱：zy_jts@aliyun.com

郑猛，男，学士，北京市城市规划设计研究院，教授级高级

工程师。电子邮箱：sd_zhengmeng@163.com

刘晓冰，男，博士，北京交通大学，讲师。电子邮箱：lxiaobing@bjtu.edu.cn

龚嫣，女，学士，北京市城市规划设计研究院，教授级高级工程师。电子邮箱：gongyan_jt@sina.com

过江视角下的常规公交与地铁竞合强度分析

吕玥妍　陈学武　商萧吟

【摘要】“拥江发展”已逐渐成为跨江大城市的空间发展战略。面对日益增长的跨江出行需求，需要科学分析常规公交与地铁之间的竞合关系，以有效提升公共交通服务能力和效率。在过江视角下，融合动态客流数据，从定性和定量两个角度刻画常规公交与地铁的竞合特征，基于“站点对”这一空间实体，采用客流与运能比、跨江客流分担率、换乘客流量和站点服务范围面积重合率四个特征变量，建立竞合强度模型。以南京市过江通道为例的分析结果表明：不同竞合关系的“站点对”分布存在明显的空间依赖性，竞合强度间的差异与土地利用密切相关；高峰时段的过江通勤大客流给地铁运行造成沉重的压力，而位于同一客流走廊的常规公交运力资源未能有效利用，应优化公交线路配置及运行保障，让跨江公交干线作为高峰时期地铁运能的重要补充。

【关键词】公共交通；竞合强度；跨江出行；客流数据

【作者简介】

吕玥妍，女，硕士研究生，东南大学。电子邮箱：220223080@seu.edu.cn

陈学武，女，博士，东南大学，教授。电子邮箱：chenxuewu@seu.edu.cn

商萧吟，女，硕士研究生，东南大学。电子邮箱：220223079@

seu.edu.cn

基金项目：国家自然科学基金项目“供需信息下集约型公交与共享自行车出行选择机理及资源协同配置”（52172316）

城市共享单车的骑行环境研究

——以武汉市为例

余庆龙

【摘要】共享单车不仅为解决公共交通出行“最后一公里”提供了更加多元化的选择，缓解了城市拥堵问题，同时也为实现碳中和目标作出了重要贡献。现今武汉共享单车的运营已经相对稳定，但仍然存在单车乱停放、道路设施不完善、管理调度不及时等问题。因此本文聚焦于武汉共享单车骑行的城市环境，通过ArcGIS 核密度指数以及缓冲区分析，结合实地调研，对武汉共享单车的骑行道路系统、公共接驳系统以及调度情况进行评价分析，为武汉市共享单车系统建设提供参考。

【关键词】共享单车；道路系统；武汉；核密度指数；缓冲区分析

【作者简介】

余庆龙，男，硕士研究生，武汉工程大学。电子邮箱：1059604602@qq.com

佛山市互联网租赁电动自行车行业管理研究

阎泳楠　盘意伟

【摘要】互联网租赁电动自行车以其灵活、方便的特性在缓解城市交通拥堵等方面发挥了重要作用，但其在安全、运营、监管等方面的问题给行业管理也带来了巨大的挑战。作为交通新业态，国家尚未在政策层面明确互联网租赁电动自行车行业的发展方向，各城市因地施策，采取不同的管理策略。本文以佛山为例，首先回顾了互联网租赁电动自行车行业从自由发展到规范化管理的历程，其次结合出行特征分析，明确了其发展定位，即城市公共交通体系的重要组成部分。然后从发展规模测算、政策与行业技术标准制定、信息监管平台搭建三方面提出了互联网租赁电动自行车行业管理的具体策略。最后总结了策略实施后的初步成效，并明确了后续行业管理的研究方向，以期为其他城市进行共享电动自行车行业管理提供借鉴经验。

【关键词】交通管理；共享交通；新业态；互联网租赁电动自行车；行业管理

【作者简介】

阎泳楠，女，硕士，佛山市城市规划设计研究院有限公司，工程师。电子邮箱：yynl1995@126.com

盘意伟，男，硕士，佛山市城市规划设计研究院有限公司，高级工程师。电子邮箱：2897232565@qq.com

能力视角下公共交通服务供给公平性评价

——以大连市主城区为例

王　璇　杨东峰

【摘要】公平正义是全社会倡导的共同追求，城市公共交通公平性研究对推进社会可持续发展具有重要意义。本文以大连市主城区为例，以住区为研究单元，从公交服务覆盖能力、承载能力、联系能力视角展开对不同类别住区公交服务的总体公平性与空间公平性评价。研究发现：公交服务供给不公平主要源于公交承载能力差异；不同类别住区公交服务水平存在明显差异，商住一体开放住区、单位制住区较占优势，高档商品房住区水平较低；低收入群体住区公交服务供给相较非低收入群体住区明显不公平，主要源于公交承载能力与联系能力，公交覆盖能力无明显差异。最后，依据公交服务供需匹配程度将住区划分为公交服务均衡型、公交服务满足型、公交服务滞后型、公交服务匹配型四类并相应提出优化建议，以期为公平性提升导向下的城市公共交通资源配置提供参考。

【关键词】公平性；公共交通；公交能力；住区空间

【作者简介】

王璇，女，硕士研究生，大连理工大学建筑与艺术学院。电子邮箱：2517818520@qq.com

杨东峰，男，博士，大连理工大学建筑与艺术学院，教授。电子邮箱：yangdongfeng@dlut.edu.cn

基于就医特征分析的公交专线规划策略研究

——以北京市宣武医院为例

孟令扬　刘雪杰　马腾腾　蔡　乐

【摘要】公交客流不断下降的新形势要求公交服务更加精准化和多样化，通医公交方便了社区居民集中就医出行，是多样化公交的关键一环，对促进公交转型发展具有重要意义。为了精准识别公交就医需求、合理规划公交通医专线，本文以北京市宣武医院为例，提出基于公交智能卡数据的就医特征提取方法，分析挖掘公交就医出行需求时间分布、空间分布、年龄构成特征及其变化规律，基于数据分析结果，从科学规划线路走向、合理布设站点位置、灵活设置发车模式、完善适老化配套设施四个方面提出公交通医专线规划策略。本研究为合理规划公交通医专线提供支撑，提高公交就医出行服务水平，为公交精准化服务和多样化发展提供有益参考和借鉴。

【关键词】公交规划；通医专线；特征分析；公交卡数据；适老化

【作者简介】

孟令扬，男，硕士，北京交通发展研究院，工程师。电子邮箱：2455430070@qq.com

刘雪杰，女，博士，北京交通发展研究院，正高级工程师。电子邮箱：liuxj@bjtrc.org.cn

马腾腾，男，硕士，北京交通发展研究院，工程师。电子邮

箱：matt@bjtrc.org.cn
蔡乐，女，学士，北京交通发展研究院，工程师。电子邮箱：cail@bjtrc.org.cn

高品质共享单车系统的要素保障体系探析
——以厦门为例

史志法

【摘要】 本文以厦门共享单车系统为例，探讨了构建高品质共享单车系统要素保障体系的重要性与实施策略。研究目的在于分析共享单车在厦门的投放、使用及其与城市交通系统的融合情况，并提出一套完善的共享单车系统要素保障体系，以促进绿色低碳交通发展。本文采用了大数据分析方法，对自行车出行需求、建设条件以及共享单车运行现状进行了全面分析，构建了适合的自行车道网络模型与方案、自行车停车设施规范设置与管理模式，建立共享单车“共建共享共治”的公共政策与监管平台。厦门通过构建“片区网络+骨架”的自行车道系统、完善而规范的自行车停车区供应，在共享单车停放设施、管理政策和技术保障方面进行了系统科学的规划与创新。基于共享单车系统的高品质要素保障体系，共享单车系统在厦门不仅解决了市民短途出行需求，还促进了城市交通的绿色转型，可为其他城市提供宝贵的参考经验。

【关键词】 自行车系统；共享单车；慢行系统；交通规划；要素保障

【作者简介】

史志法，男，硕士，厦门市国土空间和交通研究中心（厦门规划展览馆），副总工程师。电子邮箱：15343040@qq.com

共享电动单车对特定区域居民出行能力研究

——以温州市经开区运营数据为例

王子琦　谢　军　袁　亮

【摘要】共享电动单车由于灵活机动、经济实惠、出行范围更广等特点提高了居民的出行效率，在一定程度上缓解了交通拥堵，但其停放管理难、安全隐患多等缺点导致在我国一些城市并不鼓励共享电动单车的发展。本文基于大量骑行数据和问卷调查分析，以温州市经开区为例，对共享电动单车的个人特征、骑行特征和出行意愿等进行系统分析，研究在特定区域（工业区、大学城）内，共享电动单车对居民出行能力的提升以及对区域交通发展的创新，为城市的可持续发展和城市交通结构优化提供参考，对其他城市共享电动单车的优化整合具有指导作用。

【关键词】特定区域；共享电动单车；出行服务能力

【作者简介】

王子琦，男，学士，温州市城市规划设计研究院有限公司，助理工程师。电子邮箱：1250913812@qq.com

谢军，男，学士，温州市城市规划设计研究院有限公司，交通所所长，高级工程师。电子邮箱：524530537@qq.com

袁亮，女，学士，温州市城市规划设计研究院有限公司，高级工程师。电子邮箱：93316300@qq.com

火车站导视系统设计研究
——以沈阳北站为例

刘　威　王璐垚

【摘要】随着城市交通的不断发展，火车站作为重要的交通枢纽，其空间布局和导视系统设计对于提升乘客出行体验具有重要意义。本文以沈阳北站导视系统为例，从火车站导视系统设计原则、设计要素等方面进行深入探讨，旨在为火车站导视系统的设计提供理论支持和实践指导。同时将空间句法理论引入火车站导视系统设计中，通过对火车站空间结构的量化分析，优化导视信息的布局与传达，阐述基于空间句法的火车站导视系统设计方法。

【关键词】火车站；导视系统设计；空间句法；空间布局

【作者简介】

刘威，男，硕士，沈阳市规划设计研究院有限公司，总经理，教授级高级工程师。电子邮箱：1073776745@qq.com

王璐垚，男，硕士，沈阳市规划设计研究院有限公司，助理工程师。电子邮箱：trafficplanning@163.com

完善运营考核，建立长效机制

——佛山市城市轨道交通运营考核机制的构建与实施

洪晨俞　潘　斌　张海雷

【摘要】城市轨道交通是城市交通体系和公共交通基础设施的重要组成部分。通过建立科学、合理的城市轨道交通运营考核机制，加强政府对保障运营安全、提升运营服务质量、降低运营成本等降本增效管理，对于推动城市轨道交通的健康发展具有重要意义。本文从佛山市既有的城市轨道交通运营考核机制中存在的问题入手，结合上级政策文件对于统筹考虑城市轨道交通可持续运营的要求，分析了佛山市城市轨道交通运营考核机制的优化策略，梳理了佛山市城市轨道交通运营考核机制的关键要素，并提出了运营考核机制的构建策略及实施管理方案，旨在为提高佛山市城市轨道交通的安全性和服务水平提供理论支持和实践指导。

【关键词】轨道交通；考核体系；运营安全；服务质量

【作者简介】

洪晨俞，女，硕士，佛山市城市规划设计研究院有限公司。电子邮箱：451833615@qq.com

潘斌，男，硕士，佛山市城市规划设计研究院有限公司，高级工程师。电子邮箱：286344899@qq.com

张海雷，男，硕士，佛山市城市规划设计研究院有限公司，教授级高级工程师。电子邮箱：79245230@qq.com

健康导向下生活性街道环境对步行的影响研究

王　喆

【摘要】生活性街道作为城市空间的基本单元，是城市精细化发展的抓手。本文从研究街道的健康服务功能出发，从促进公共健康的视角构建了生活性街道环境指标体系，并以厦门市3条典型的生活性街道作为研究对象，在对街道环境特征与居民步行活动特征调查的基础上，运用SPSS相关性分析与多元线性回归分析方法研究生活性街道环境对步行活动的影响作用。研究发现，自行车占道密度、贴线率、餐饮类店铺密度、信息标识密度是对步行活动产生关键影响的街道环境要素。最后从停车环境、界面形态、空间尺度、商业服务、街道设施五方面对街道环境优化提出建议，旨在提升生活性街道环境品质，增加步行等绿色出行方式的机会。

【关键词】生活性街道；步行活动：影响要素；健康街道

【作者简介】

王喆，男，硕士研究生，华侨大学建筑学院。电子邮箱：m16622902322@163.com

基于公交运行情况的公交专用道运行效率
——以成都市为例

邹禹坤　王哲源　王光伟　温　馨　李　星

【摘要】成都市的公交专用道分为全天候、白天时段和高峰时段三种类型，有效支持了城市公共交通系统。为评估其使用效率，本文采用了包括 GPS 数据、IC 卡刷卡数据在内的多元大数据分析方法，围绕公交车流量、客流量、运行速度等指标进行了系统研究。还结合专用道所在道路的运行态势，为进一步公交专用道优化和管理提供了数据支持。

【关键词】城市交通；公交专用道；大数据评估

【作者简介】

邹禹坤，男，硕士，成都市规划设计研究院，工程师。电子邮箱：502342513@qq.com

王哲源，男，硕士，成都市规划设计研究院，工程师。电子邮箱：410209053@qq.com

王光伟，男，硕士，成都市规划设计研究院，高级工程师。电子邮箱：453320186@qq.com

温馨，女，硕士，成都市规划设计研究院，工程师。电子邮箱：862369881@qq.com

李星，男，硕士，成都市规划设计研究院，正高级工程师。电子邮箱：358283537@qq.com

基金项目：四川省自然资源厅科研项目“基于多元大数据与综合交通模型的交通规划分析应用技术研究”（KJ-2023-037）

城市轨道交通枢纽站外导向标识系统研究

祁东印

【摘要】伴随着我国城市轨道交通的快速发展，与之配套的轨道交通服务体系也需要不断完善和进步。由于城市轨道交通服务体系主要是围绕车站内部设施的基本建设，缺乏针对轨道交通车站的站外导向标识系统的关注，在很大程度上影响了轨道交通枢纽的整体功能和效率。科学合理的枢纽站外导向标识系统可以帮助出行者减少寻找车站过程中花费的时间和步行的距离，进而提高乘客的出行效率和轨道交通枢纽整体的运营效率。因此，本文运用 AnyLogic 系统建模和 MATLAB 模拟仿真的方法对城市轨道交通枢纽站外导向标识系统进行系统的研究，提出了一套科学合理的针对站外导向标识系统的设计方法。

【关键词】轨道交通枢纽；站外导向标识；系统建模；模拟仿真

【作者简介】

祁东印，男，硕士，浙江海宁轨道交通运营管理有限公司，工程师。电子邮箱：sattuo@163.com

道路资源紧约束型城市非机动车道设置指引研究

——以深圳市为例

肖 沅 李 粟 耿铭君 张剑锋 王道训

【摘要】随着非机动车交通迅速发展，如何有效保障非机动车通行路权成为道路资源紧约束型城市治理的热点问题。本文以深圳市为例，基于非机动车交通发展现状及存在问题，结合既有标准的不足以及道路资源紧约束型城市的特点，重点从对电动自行车的适用性、条件限制下的路权分配、车道品质化与精细化设计等方面提出非机动车道设置标准，并在参考国家、地方相关标准的基础上，制定形成深圳市非机动车道设置指引，为推进深圳市非机动车道建设、保障非机动车路权提供依据。

【关键词】道路资源紧约束型城市；非机动车道；路权；指引

【作者简介】

肖沅，女，硕士，深圳市都市交通规划设计研究院有限公司，高级工程师。电子邮箱：37381364@qq.com

李粟，女，学士，深圳市都市交通规划设计研究院有限公司，助理工程师。电子邮箱：1024348226@qq.com

耿铭君，男，硕士，深圳市都市交通规划设计研究院有限公司，高级工程师。电子邮箱：181201807@qq.com

张剑锋，男，硕士，深圳市都市交通规划设计研究院有限公

司，高级工程师。电子邮箱：611411262@qq.com

王道训，男，硕士，深圳市都市交通规划设计研究院有限公司，高级工程师。电子邮箱：363505079@qq.com

04 交通设施与布局

长春市中心城区公交专用道规划策略研究

姜　蕊

【摘要】施划公交专用道是保证公交路权、提高公交出行品质、落实公交优先策略的重要手段。长春市现状公交专用道里程已经超过 300km，但目前仍缺乏相关设置标准。本文在总结国家和地方城市公交专用道施划标准的基础上，结合长春市交通特征及公交发展实际情况，提出长春市公交专用道设置标准。以此为基础，结合城市人口分布、岗位分布、拥堵区域分布以及大区 OD 分布等多个要素，制定公交专用道近远期规划方案。最后基于长春市道路特征，对公交专用道设置形式进行分类，为后续长春市公交专用道建设实施提供参考。

【关键词】公交专用道；设置标准；公交优先；路中式

【作者简介】

姜蕊，女，硕士，长春市规划编制研究中心，高级工程师。电子邮箱：lanfenger114@sina.com

浙江省普通国省道干线公路沿线充电桩布局研究

蔡红兵　汤楷笛　丁　剑　刘歆余

【摘要】为贯彻落实党中央把碳达峰、碳中和纳入生态文明建设整体布局的重大战略决策，围绕国家进一步构建高质量充电基础设施体系要求，本文立足浙江省普通国省道干线公路充电设施发展实际，通过 GIS 可视化的方法，进一步评估与优化全省充电桩布局设置，探索普通国省道干线公路充电桩布局优化的长效路径。

【关键词】普通国省道；充电设施；GIS；浙江省

【作者简介】

蔡红兵，男，硕士，浙江数智交院科技股份有限公司，综合规划研究院院长，综合运输研究所主任，正高级工程师。电子邮箱：11943536@qq.com

汤楷笛，男，硕士，浙江数智交院科技股份有限公司。电子邮箱：1732386585@qq.com

丁剑，男，硕士，浙江数智交院科技股份有限公司，综合规划研究院院长助理，工程师。电子邮箱：dingjianjiaotong@163.com

刘歆余，女，硕士，浙江数智交院科技股份有限公司，高级工程师。电子邮箱：305527084@qq.com

传统公路客运站转型发展模式研究

——以杭州为例

周　航　冯　伟　李家斌　徐瑞敏　朱桐雨

【摘要】公路客运站是综合交通枢纽中的重要组成部分，如何盘活转型是新时期下传统客运场站面临的关键问题。本文基于未来发展需求，结合国内多地实践经验，从功能和空间组合视角，总结传统客运站转型发展模式判别思路；并以杭州为例，结合现状问题和周边条件，提出五大公路客运站转型发展初步建议。研究认为客运站可重点打造的功能复合模式可概括为汽车产业、交通旅游、物流服务和公共服务四类，选取空间组合模式时应综合考虑功能判断、现状土地利用、用地规模和综合经济效益四个因素；杭州公路客运场站整体资源过剩，建议五大客运站结合发展需求选取匹配的转型发展模式。研究成果可为杭州及其他城市的传统公路客运站转型发展模式选取提供参考。

【关键词】公路客运站；转型发展模式；复合利用；杭州

【作者简介】

周航，女，硕士，杭州市规划设计研究院，工程师。电子邮箱：1252846133@qq.com

冯伟，男，硕士，杭州市规划设计研究院，高级工程师。电子邮箱：693930551@qq.com

李家斌，男，硕士，杭州市规划设计研究院，高级工程师。电子邮箱：nbamagic@163.com

徐瑞敏，女，硕士，杭州钱塘江海之城建设管理办公室，工

程师。电子邮箱：175193940@qq.com

朱桐雨，女，硕士研究生，浙江工业大学设计与建筑学院。电子邮箱：616292432@qq.com

存量语境下山地城市道路更新研究

——以重庆渝中区为例

李毅军　周　涛　张振豪　王德成　刘以舟

【摘要】城市更新是重塑城市空间社会价值的重要途径。本文阐述了城市更新的基本内涵，结合国家政策文件和既有文献研究了存量语境下城市更新概念，将其演变过程分为三个阶段，即“城市双修”阶段、城市改造阶段以及城市更新试点工作阶段。然后以重庆市渝中区为例，剖析区域现状和存在问题，以保护城市肌理为基本原则，秉承“盘活存量、提高质量”的基本思路，以典型道路优化案例为抓手，提出七个方面的优化措施，最后评估道路优化案例的实施效果。研究认为，存量语境下的城市道路更新应充分尊重区域自然本底条件和历史人文，贯彻“窄马路、密路网、小街区”理念，注重城市道路功能多样性，强调道路空间资源优化整合，积极衔接科学高效的空间治理体系，实现城市道路更新提质增效。

【关键词】城市更新；存量语境；山地城市；城市道路；渝中区

【作者简介】

李毅军，男，硕士，重庆市交通规划研究院，工程师。电子邮箱：1030599259@qq.com

周涛，男，重庆市规划设计研究院，副院长，正高级工程师。电子邮箱：737599086@qq.com

张振豪，男，硕士，重庆市交通规划研究院，高级工程师。

电子邮箱：842623085@qq.com

王德成，男，硕士，重庆市交通规划研究院，高级工程师。
电子邮箱：812991970@qq.com

刘以舟，男，硕士，重庆市交通规划研究院，高级工程师。
电子邮箱：1032855733@qq.com

存量发展背景下景区周边停车场布局方案研究

丁　灿　李星阳　闫　冬　王　潇

【摘要】在存量发展的背景下，集约高效地利用土地，规划一个既能满足景区各种方式的交通需求又能保证停车场周边交通顺畅、交通拥堵最少、交通效率最高的停车场，对景区建成后有效地疏导景区内的交通，减少因车辆乱停乱放而导致的交通拥堵现象，提高景区内的交通效率，提升游客对景区的整体满意度具有重要作用。本文基于 VISSIM 仿真，研究不同停车场布局方案下路网节点的运行状态，根据仿真评价结果确定出一个布局较为合理、运行较为安全高效的方案。

【关键词】存量发展；景区；停车场布局；VISSIM 仿真评价

【作者简介】

丁灿，女，硕士，济南市规划设计研究院，工程师。电子邮箱：545849565@qq.com

李星阳，女，硕士，济南市规划设计研究院，工程师。电子邮箱：704148937@qq.com

闫冬，女，硕士，济南市规划设计研究院，工程师。电子邮箱：1461730296@qq.com

王潇，女，硕士，济南市规划设计研究院，工程师。电子邮箱：842745864@qq.com

中国高速铁路站域空间研究热点综述

黄钰雯

【摘要】近年来，随着高铁网络的迅速扩展，关于高铁站域空间的研究逐渐成为学术界关注的热点领域。这一领域的研究不仅涉及高铁站点本身，还与站点周边城市建设息息相关。因此，深入了解高铁站域空间的研究现状与发展趋势，对于推动高铁站域的科学规划与发展具有重要意义。本文综述了近 10 年来关于高铁站域空间研究的热点领域，结合文献计量方法和可视化知识图谱，分析了高铁站域研究的发展趋势和主要研究领域。研究发现，高铁站域规划建设是当前研究的热点之一，但对于高铁站点的理论研究相对较少，建立完善、科学且适合中国国情的理论框架，促进多学科融合的发展以及以国家政策为指导方向的高铁站域规划是未来研究的重要方向。

【关键词】高速铁路站点；高铁站域；文献综述；热点

【作者简介】

黄钰雯，女，硕士研究生，西南交通大学。电子邮箱：15008213309@163.com

山地城市老城区交通基础设施精细化改造

——以重庆渝中区为例

周溪溪

【摘要】老城区交通建设已进入存量发展阶段，提质增效成为其解决交通问题的必选方法。本文以重庆渝中区为例，从与市民出行密切相关的道路效率、公共交通服务和停车供给三个方面，系统总结近年实践经验及规划理念，供其他城市参考。一是立足空间有限，通过缩窄车行道、打通断头路等微更新方式，提升路网整体运行效率。二是通过大数据分析及公众参与识别公共交通出行痛点，通过增加自动扶梯、公交车站等微改造方式，精准提升轨道与步行、地面公交换乘便捷性，并通过开行小巷公交拓展轨道服务范围，提升公共交通出行吸引力，推动交通绿色转型。三是通过增加微型停车场、加强毗邻停车库连通、智能化停车管理等多种方式提升停车便捷性，缓解老城区停车难问题。

【关键词】老城区；城市道路；公共交通；停车；重庆

【作者简介】

周溪溪，女，硕士，重庆市交通规划研究院，高级工程师。电子邮箱：2874006092@qq.com

存量优化阶段轨道站出入口环境综合提升策略

张雪丹　王　东　高　嵩　李玲琦　高文灿

【摘要】 我国城市轨道交通经历了起步、缓慢、快速发展阶段，从“量”向“质”进入了高质量发展的新阶段。车站出入口是乘客进出轨道交通的门户，出入口布局和周边环境直接影响轨道交通出行便捷性、舒适性等体验感，进而影响人们对轨道交通出行方式的选择。本文以武汉市已运营轨道交通车站为研究对象，梳理车站出入口布局设计及周边环境存在的问题，重点通过优化布局、提升品质、强化衔接3个路径，分别从出入口开发和布局优化、出入口设施改造和外部空间精细化管理、外部衔接设施补充完善等方面提出综合提升策略，营造良好的进出站环境，通过小改造实现轨道交通服务水平的精准提升。

【关键词】 出入口；轨道交通；优化提升

【作者简介】

张雪丹，女，硕士，武汉市规划研究院（武汉市交通发展战略研究院），高级工程师。电子邮箱：297324295@qq.com

王东，男，硕士，武汉市规划研究院（武汉市交通发展战略研究院），高级工程师。电子邮箱：13875979@qq.com

高嵩，男，硕士，武汉市规划研究院（武汉市交通发展战略研究院），高级工程师。电子邮箱：343382604@qq.com

李玲琦，女，硕士，武汉市规划研究院（武汉市交通发展战略研究院），高级工程师。电子邮箱：631356929@qq.com

高文灿，女，硕士，武汉市规划研究院（武汉市交通发展战

略研究院），工程师。电子邮箱：863588942@qq.com

基金项目：武汉市交通强国建设试点科技联合项目“武汉都市圈1小时通勤圈发展研究”（2023-2-3）

中心城区热门景点周边交叉口微改造研究

——以洛邑古城为例

张肖斐　马琦超　任晓杰　曹梦元

【摘要】中心城区热门景点的交通组织不但影响景区客流集散效率，也对周边居民日常通勤出行产生重要影响。在交通基础设施建设由增量发展进入存量发展、地方财政日趋收紧、无法通过建设立体设施缓解交通矛盾的大背景下，通过交叉口微改造等手段提升景点周边交叉口通行效率，是近期城市交通提质增效的重要手段。本文通过分析洛邑古城周边交叉口存在问题，提出“提前右转”等诸多微改造措施，有效缓解了景点集散和居民出行的矛盾，提高了景点周边交叉口通行效率，为其他类似中心城区景点周边以及人流量较大或人车矛盾较为突出的交叉口交通优化提供了借鉴和参考。

【关键词】热门景点；微改造；提前右转；提质增效

【作者简介】

张肖斐，男，学士，洛阳市规划建筑设计研究院有限公司，副总工程师，高级工程师。电子邮箱：309082724@qq.com

马琦超，男，学士，洛阳市规划建筑设计研究院有限公司，副院长，高级工程师。电子邮箱：348052845@qq.com

任晓杰，女，硕士，洛阳市规划建筑设计研究院有限公司，高级工程师。电子邮箱：547782751@qq.com

曹梦元，女，学士，洛阳市规划建筑设计研究院有限公司，工程师。电子邮箱：2515448905@qq.com

复杂业态背景下大型体育场馆交通规划研究

——以武汉新城游憩商业区为例

杜建坤　李　瑞　张意鸣　刘映宏　路　静

【摘要】随着国民经济的快速发展，新时期体育赛事标准和群众体育运动需求不断加强，公用配套设施的建设显得更为紧迫，特别是大型体育场馆的建设日趋增加。同时在土地存量化发展背景下，单一体育场馆业态布局已无法满足发展需要，商业、办公、文化等多业态融合趋势愈发明显，其交通组织一直困扰着各个场馆的规划、设计、运营、管理及交通等相关部门。本文以武汉新城游憩商业区为例，总结了大型体育场馆典型案例交通规划经验，按照以人为本、综合运营的规划理念，提出了外部交通、内部交通、应急交通、智慧交通四类规划策略，构建了武汉新城游憩商业区立体环游交通体系，以期为其他体育场馆的规划建设提供参考。

【关键词】交通组织；规划方法；体育场馆；武汉

【作者简介】

杜建坤，女，硕士，武汉市规划研究院（武汉市交通发展战略研究院），工程师。电子邮箱：772588733@qq.com

李瑞，男，硕士，武汉设计咨询集团有限公司，工程师。电子邮箱：522062389@qq.com

张意鸣，女，硕士，武汉市规划研究院（武汉市交通发展战略研究院），助理工程师。电子邮箱：564049258@qq.com

刘映宏，女，硕士，武汉市规划研究院（武汉市交通发展战

略研究院），工程师。电子邮箱：975463205@qq.com

路静，女，硕士，武汉市规划研究院（武汉市交通发展战略研究院），高级工程师。电子邮箱：lujing@wpdi.cn

基于弹性需求的区域公交枢纽体系布局分析
——以上海嘉定区为例

李林波　周约珥　潘海啸

【摘要】都市圈显著的多中心化发展使得区域公交枢纽体系布局对出行网络的锚固作用日益突出。本文提出了新的建模思路，基于Stackelberg博弈框架建立了双层规划模型，模型上层为关于枢纽组合布局的多目标政策评价模型，下层则为基于弹性需求的随机用户均衡。研究以上海嘉定区为例进行了实证分析，探讨了模型量化分析与实际枢纽选址在组团社会经济条件之间的政策性偏差，不仅量化了案例中不同组合方案之间的差异，也阐明了比选过程中基于有限理性考虑的重要性，并进一步说明了在模型未能充分兼顾考虑社会经济因素的前提下，建立一个用于比选的补充专家系统的必要性，研究成果为今后探索宏观视角下都市圈的枢纽体系布局提供了科学参考。

【关键词】公共交通；区域枢纽体系；弹性需求；布局分析；方案比选

【作者简介】

李林波，男，博士，同济大学道路与交通工程教育部重点实验室，新疆大学，副教授。电子邮箱：llinbo@tongji.edu.cn

周约珥，男，博士研究生，同济大学道路与交通工程教育部重点实验室。电子邮箱：zhouyueer@tongji.edu.cn

潘海啸，男，博士，同济大学建筑与城市规划学院，教授。电子邮箱：panhaixiao@tongji.edu.cn

基金项目：国家社会科学基金项目“长三角区域一体化背景下多模式交通融合动力机制研究”（20BGL291）

基于 AHP 的武汉慢行交通基础设施优化策略研究

陈豪杰　彭　然　秦　炫　余庆龙

【摘要】慢行交通作为生态城市重要方面，是生态城市建设评估的重要内容。本文以武汉市部分路段为例，进行城市慢行交通系统建设评价研究。从慢行交通的本质出发，把步行 、自行车等慢速出行方式作为城市交通的主体，引导居民采用“步行+公交”的出行方式来缓解交通拥堵现状，减少汽车尾气污染，从而营造舒适、安全、便捷、清洁、宁静的城市环境。应用 AHP 与 Delphi 方法，构建了过街基础设施、路权、安全性与舒适度四个方面的城市生态交通的评价指标体系。调研收集了代表性研究对象的相关数据，对比分析后发现：①部分目标路段在过街基础设施分项中的得分偏低，原因在于所处区域的土地功能属性发生变化，原有的城市慢行交通基础设施及设置和居民的出行需求不匹配；②部分目标路段在路权分项中的得分偏低，原因在于城市慢行交通基础设施受到其他设施的侵占，无法满足居民的正常使用；③部分目标路段在安全性及舒适度分项中的得分偏低，原因在于基础设施维护不及时或建设存在薄弱环节，影响居民的出行体验。在此基础上，研究了城市慢行交通基础设施优化和城市居民的绿色出行、便捷生活的内在关系，认为其相互存在关联性，并提出相关优化策略，以期为我国城市慢行交通基础设施优化提供参考。

【关键词】城市慢行交通；AHP；基础设施；优化策略；武汉

【作者简介】

陈豪杰，男，硕士研究生，武汉工程大学。电子邮箱：

978357944@qq.com

彭然，男，博士，武汉工程大学，教授。电子邮箱：58801091@qq.com

秦炫，男，硕士研究生，武汉工程大学。电子邮箱：2480600892@qq.com

余庆龙，男，硕士研究生，武汉工程大学。电子邮箱：1059604602@qq.com

基金项目：北京交通大学智能交通绿色低碳技术教育部工程研究中心开放课题“低数据指向下城市交通减碳潜力评估体系构建与应用”（ERCCLCTITME2023-1），武汉市社科基金重点项目“武汉低碳交通的展望性评估与实施性路径”（2023004），武汉市社科基金重点项目“为应对突发性灾害的武汉城市交通韧性分级评估体系构建与提升策略研究”（2022005）

成渝地区双城经济圈枢纽机场腹地识别研究

欧阳吉祥　吴翱翔　温　巍　余　辉　邓腾云　王超楠

【摘要】枢纽机场是承载成渝地区双城经济圈对外交通的关键设施，机场客流腹地是影响机场规划布局的关键因素。本文根据成渝地区双城经济圈枢纽机场规划建设需要，对国内外机场腹地理论及划定方法进行了梳理，并基于手机信令大数据对重庆江北机场航空客流腹地特征进行了识别分析，在此基础上构建了枢纽机场腹地多项逻辑模型，通过影响因子效用标定，综合考虑空间距离、人均 GDP 和交通条件等主要影响因素，形成了成渝地区枢纽机场腹地范围划分成果，为成渝双城经济圈新建枢纽机场的功能定位、规模布局及服务腹地提供了理论支撑。

【关键词】成渝地区双城经济圈；枢纽机场；腹地范围；手机信令数据；多项逻辑模型

【作者简介】

欧阳吉祥，男，硕士，重庆市规划设计研究院，高级工程师。电子邮箱：382583024@qq.com

吴翱翔，男，硕士，重庆市交通规划研究院，高级工程师。电子邮箱：1031669170@qq.com

温巍，男，硕士，重庆市规划设计研究院，正高级工程师。电子邮箱：15070071@qq.com

余辉，男，硕士，重庆市规划设计研究院，正高级工程师。电子邮箱：402920331@qq.com

邓腾云，男，硕士，重庆市规划设计研究院，高级工程师。电子邮箱：461466381@qq.com

王超楠，女，硕士，重庆市规划设计研究院，高级工程师。电子邮箱：940152003@qq.com

基于 POI 的地铁站点与城市功能空间耦合研究

——以成都市中心城区为例

赵　锦

【摘要】在城市的空间结构中，地铁站点和城市功能空间扮演着重要的角色，研究地铁站点与城市功能空间的相关性，对合理规划地铁站点布局、推动城市各功能空间区域协调发展至关重要。本文以成都市中心城区为研究对象，运用 POI 数据，通过空间自相关分析等方法，探究地铁站点与五个主要城市功能空间（居住、交通运输、公共服务、休闲娱乐、商业）的分布格局与空间相关关系。结果表明：①从核密度分析来看，地铁站点和五个城市功能空间呈现出核心聚集、向外逐层递减的态势，其中居住空间集聚效应最为显著；②从标准差椭圆分析来看，地铁站点与城市各功能空间的分布重心均表现为偏向东部，其中地铁站点重心偏移程度最高；③从空间自相关分析来看，地铁站点与城市各功能空间相关性呈现出“中部高，四周低，边缘高”的空间分异特征，具体表现为从核心区域到城区边缘由高—高聚集到不显著到低—低聚集的过渡。

【关键词】空间自相关；地铁站点；城市功能空间；POI；成都市

【作者简介】

赵锦，男，硕士研究生，西南交通大学建筑学院。电子邮箱：136822173@qq.com

中国城市快速公交系统建设发展总结

张斯阳

【摘要】快速公交系统具有高品质、高效率、低能耗、低污染、低成本的特征，成为中国推行公交优先政策时期大力发展的公共交通形式。经历了 2010 年前后的快速发展和技术成熟阶段，随着很多大城市规划建设城市轨道交通，快速公交系统的发展进入停滞期。本文通过总结不同城市规划建设快速公交系统的背景因素、现状运营水平，分析其发展过程中存在的制约因素。针对多数城市快速公交系统服务水平低下、受认可度不高的问题，从公交专用道设置、公交走廊选取、乘车效率保障三方面分析困境并提出相应的解决策略。随着道路公共交通系统的多元高质量发展，快速公交系统依然是未来公共汽车的改进方向之一。

【关键词】公共交通；快速公交；公交专用车道；公交走廊；乘车效率；服务水平

【作者简介】

张斯阳，女，硕士，中国城市规划设计研究院，高级工程师。电子邮箱：zhangsiyangyy@126.com

安全—绿色—高效目标下轨道交通站域空间品质研究

——以西安市为例

徐梦月

【摘要】综合安全性、绿色性和高效性因素对轨道交通站域进行建成环境评价可进一步优化站点服务和站域环境。本文以西安市 16 个轨道交通站域为例，根据安全—绿色—高效目标，选取交通、用地、设施等 19 个指标因子，利用 AHP（层次分析法）—熵权法和三维矩阵模型对西安市选定轨道交通站域进行了评价和分类。结果表明：综合得分高的轨道交通站域呈现出以钟楼站和大雁塔站为中心的点式扩散结构；站域建成环境的优劣是多种因素综合作用的结果；根据聚类结果，站域分为 5 类，其中高值主要分布在城墙以内站域，低值主要分布在建设不完善和用地功能单一的区域。最后提出完善设施配套、改善慢行空间和优化交通和用地的站域空间品质提升策略，为西安市站域环境的规划设计提供决策参考。

【关键词】轨道交通站域；空间品质；建成环境；AHP—熵权法

【作者简介】

徐梦月，女，硕士研究生，长安大学建筑学院。电子邮箱：3191879815@qq.com

面向高质量发展的交通基础设施规划储备研究

——以北京市为例

张　喆　汪　洋　涂　强

【摘要】为建立新版城市总体规划实施路径，支撑高效审批，推动基础设施高质量发展，实现精准投资、高效投资，北京市持续推进重大交通基础设施规划储备研究工作，建立了全市首个交通市政基础设施规划储备库，制定完善的基础设施储备项目策划生成机制，以全局性思维、经济性思维、底线性思维，主动谋划项目，评估投资效益，安排项目实施时序，并提前深化方案，通过提高项目成熟度，提高策划生成效率，实现规划—入库—研究—出库—实施全过程动态管理。

【关键词】高质量发展；规划；储备

【作者简介】

张喆，女，硕士，北京市城市规划设计研究院，高级工程师。电子邮箱：191530493@qq.com

汪洋，男，硕士，北京市城市规划设计研究院，高级工程师。电子邮箱：bicpjts@163.com

涂强，男，硕士，北京市城市规划设计研究院，高级工程师。电子邮箱：tuqiang729@163.com

基于客流差异的主题乐园交通设施配置研究

王雪纯　李家斌　周　航　鲁亚晨

【摘要】主题乐园的建成将引发巨大的交通量，对周边片区的交通运行带来巨大影响。本文通过分析国内多个主题乐园的客流情况，针对客流总量、客流日变化和时变化、客流来源、交通出行结构等方面，研究主题乐园客流特征。在此基础上，指出主题乐园交通设施配置技术逻辑——“1 个协调和 1 个匹配”，即交通设施供给与差异化交通设施需求的协调，以及交通设施供给能力与路网承载能力的匹配。之后提出交通设施需求测算技术，并制定主题乐园交通设施配置及组织策略，以期为主题乐园交通设施规划、周边交通组织等方面提供参考。

【关键词】主题乐园；客流特征；交通设施需求；交通组织

【作者简介】

王雪纯，女，硕士，杭州城市规划设计有限公司，助理工程师。电子邮箱：767216642@qq.com

李家斌，男，硕士，杭州城市规划设计研究院，高级工程师。电子邮箱：516704343@qq.com

周航，女，硕士，杭州城市规划设计研究院，工程师。电子邮箱：1252846133@qq.com

鲁亚晨，男，硕士，杭州城市规划设计研究院，高级工程师。电子邮箱：719991715@qq.com

基于停车需求分布预测的公共停车场规划方法研究

——以天津中新生态城为例

杜泽华　李芮智

【摘要】为响应国家政策要求、合理应对日益凸显的停车问题，本文以天津中新生态城为例，建立停车需求分布预测模型，优化停车需求预测与公共停车场布局方法。通过停车需求分布预测模型得出规划年中新生态城中不同区域在没有调控措施情况下的公共停车需求，然后依托需求及分区管控策略确定公共停车场规模及布局方案，从而调节不同区域的停车需求和供应之间的关系，发挥公共停车设施的调控作用。

【关键词】公共停车场；停车需求分布预测；土地利用；天津中新生态城

【作者简介】

杜泽华，男，硕士，天津市城市规划设计研究总院有限公司，工程师。电子邮箱：962166040@qq.com

李芮智，男，硕士，天津市城市规划设计研究总院有限公司，工程师。电子邮箱：1280193751@qq.com

城市低空物流地面基础设施规划思路初探

梁倩玉

【摘要】本文旨在探索无人机技术在城市物流领域的应用及其对地面基础设施的规划要求。通过综合运用案例分析、技术评估、经验借鉴等研究方法，系统性地分析了低空物流新模式在城市应用场景中的适应性、组织特点，以及所需的设施体系、空间需求和布局因素。具体而言，通过对美团和顺丰无人机配送网络的分析可知，低空物流配送模式具有网络化、系统化和协同化的组织特点，据此提出了“低空物流场+低空物流站+低空物流点”的三级网络体系构想。同时，参考地面交通设施和直升机起降点的规划实践，进而发展出一套针对三级低空物流地面设施的空间规划要求和布局因素，可为城市规划工作者提供实用的指导和建议。

【关键词】低空物流；城市物流配送；低空经济；无人机；空间规划

【作者简介】

梁倩玉，女，硕士，深圳市规划国土发展研究中心，高级工程师。电子邮箱：winly1@163.com

高铁功能区交通廊道优化研究

高文灿　王新慧　陈逸飞

【摘要】本文以高铁功能区道路优化方案与城市空间的融合为研究对象，深入研究道路设施与高铁枢纽、周边区域的联动关系，制定交通与用地科学融合的道路快速化方案。以快活岭路方案为例，从区域路网、城市空间布局、交通出行特征等角度出发，深入剖析道路的功能定位，充分分析交通枢纽及周边区域诱增交通量、过境交通量等需求，并提出长高架和地面形式两种改造方案。通过定量与定性相结合的方法进行方案比选，融入站城一体化理念，得出地面方案兼顾交通效率与功能区面貌、更适合高铁功能区的发展定位的结论。

【关键词】高铁功能区；枢纽；交通廊道；交通需求预测；站城一体化；韧性发展

【作者简介】

高文灿，女，硕士，武汉市规划研究院（武汉市交通发展战略研究院），工程师。电子邮箱：863588942@qq.com

王新慧，女，硕士，武汉市规划研究院（武汉市交通发展战略研究院），高级工程师。电子邮箱：1127486686@qq.com

陈逸飞，女，硕士，武汉市规划研究院（武汉市交通发展战略研究院），助理工程师。电子邮箱：2633351376@qq.com

基金项目：武汉市交通强国建设试点科技联合项目“武汉都市圈1小时通勤圈发展研究”（2023-2-3）

基于 K-means 聚类方法的城市轨道车站分类研究

孙艺宸　周　军　徐旭晖

【摘要】城市轨道交通站点的分类对于研究不同类型站点周边的土地利用、客流变化规律、发展趋势等都有着重要作用。本文采用聚类分析的方法，聚类分析的初始变量为 10 个与站点自身特征和站点周边环境影响因素相关的变量。使用 Z-score 的方法将初始变量标准化，通过因子分析法提取出 6 个主要因子，最后采用 K-means 聚类方法，根据提取出的 6 个主要因子对轨道交通各站点进行类别划分。并对深圳市轨道交通 12 号线共 39 个站点进行聚类分析，最终将其分为一般站点、片区中心站、交通接驳站、综合交通枢纽站 4 类。通过该方法对站点分类，可为轨道交通车站功能定位划分提供定量参考，为轨道交通车站详细规划提供依据。

【关键词】城市轨道交通；聚类分析；站点功能定位；因子分析；K-means

【作者简介】

孙艺宸，男，硕士，深圳市规划国土发展研究中心，规划师，工程师。电子邮箱：396926900@qq.com

周军，男，硕士，深圳市规划国土发展研究中心，综合交通所所长，教授级高级工程师。电子邮箱：422835812@qq.com

徐旭晖，男，学士，深圳市规划国土发展研究中心，综合交通所副所长，高级工程师。电子邮箱：xxhuisz2010@163.com

首都功能核心区内轨道车站更新改造的实施模式探索

刘岩松　吴丹婷

【摘要】首都功能核心区是全国政治中心、文化中心和国际交往中心的核心承载区，是历史文化名城保护的重点地区。轨道交通作为核心区内的主要出行方式，始终是政府、居民、开发商等多方利益主体重点关注的方向。尤其在如今减量提质、城市存量更新的发展阶段下，轨道交通站点周边区域成为引领城市更新的重要机遇区。但受限于区域内的空间格局和历史文化风貌保护要求等诸多桎梏，传统的大拆大建型一体化开发模式将不再适用。如何在不突破现有建筑规模的情况下，全局统筹，快速响应，重点施策地开展轨道交通站点更新改造，实现多元要素融合改造，提升公共空间品质，补充街区设施缺口，完善周边交通组织将成为核心关注点。本文以首都功能核心区为研究对象，通过现场调研对核心区内轨道交通站点进行全面摸排，明晰现状痛点，并以核心区控制性详细规划为指导，以共享共治为目标，从慢行路权、接驳服务、空间品质、景观风貌等方面构建评价体系，制定措施工具箱，实现了对核心区轨道交通站点更新改造模式和实施路径的初步探索，为决策者以轨道交通站点改造引领城市更新、提质增效提供了参考。

【关键词】首都功能核心区；城市更新；轨道交通；评价体系

【作者简介】

刘岩松，男，硕士，北京市城市规划设计研究院，工程师。

电子邮箱：836553330@qq.com

吴丹婷，女，硕士，北京市城市规划设计研究院，工程师。
电子邮箱：243691060@qq.com

超大城市“半入城”高速公路发展趋势研究

——以广州市机场高速为例

汪振东　王江萍　常　华　张晓航　杨　建

【摘要】向外扩展是城市发展必经之路，随着用地扩展，原本服务外围城区与中心城区联系的高速公路功能逐步陷入交通混杂困境，简单的高速公路城市化是导致城市陷入“摊大饼”模式的重要推手。本文以广州为例，通过对中心城区与外围城区骨架道路交通特征的分析，剖析高密度发展地区“半入城”高速公路交通特征及面临的交通困境，以广州机场高速改扩建为案例，提出此种高速公路优化思路及方案，为高密度地区存量高速公路“再突围”提供可借鉴的经验参考。

【关键词】高速公路；交通混杂；高密度发展区域；机场高速

【作者简介】

汪振东，男，学士，广州市交通规划研究院有限公司，广东省可持续交通工程技术研究中心，交通规划所（道路工程所）副所长，高级工程师。电子邮箱：28035955@qq.com

王江萍，女，硕士，广州市交通规划研究院有限公司，广东省可持续交通工程技术研究中心，工程师。电子邮箱：642217438@qq.com

常华，男，硕士，广州市交通规划研究院有限公司，广东省可持续交通工程技术研究中心，交通规划所（道路工程所）副所长，高级工程师。电子邮箱：380911107@qq.com

张晓航，女，学士，广州市交通规划研究院有限公司，广东省可持续交通工程技术研究中心，高级工程师。电子邮箱：714793272@qq.com

杨建，男，硕士，广州市交通规划研究院有限公司，广东省可持续交通工程技术研究中心，工程师。电子邮箱：534091729@qq.com

基于人口就业分布的多交通设施选址方法研究

何鸿杰

【摘要】公共交通基础设施建设成本高、后期变动难、涉及利益多，进入提质增效的高质量发展时期后，在规划阶段科学确定和评估设施选址是集约利用交通资源的前提。为更好地进行公共交通设施选址，本文提出一种基于人口就业分布的多交通设施选址模型。首先对常住人口和就业岗位栅格数据进行离散化处理，获得候选设施点和附带需求量的需求点；然后以候选设施点是否布设设施作为决策变量、设施总效费比作为目标函数，建立选址模型，并设置满足设施规划需求的约束条件。基于由决策变量组成可行解的特点，选择人工蜂群算法作为选址模型的求解算法并进行改进，求解获得最优选址方案后，小幅移动设施至最近的道路上，完成设施与道路网络的连接。以广州市市域的人口就业栅格数据为实例，使用改进人工蜂群算法求解最优选址方案，结果表明，选址模型和求解算法在五种不同规模的场景下均有较好的优化效果，求解时间较短，移动至道路网络后，目标函数和需求覆盖总量绝对损失不超过1.5%，选址模型和求解算法可作为公共交通基础设施建设提质增效的数字化工具。

【关键词】公共交通；设施选址；覆盖问题；人工蜂群算法

【作者简介】

何鸿杰，男，硕士，广州市交通规划研究院有限公司，广东省可持续交通工程技术研究中心，工程师。电子邮箱：38528244@qq.com

北京市加氢站发展现状、问题与布局规划要点

何　青　张　鑫　王文成　林泷嵚　龚　嫣　张魁臣　冯新校

【摘要】编制氢燃料汽车车用加氢站布局规划对于推动氢燃料电池汽车产业发展、谋划区域发展新动能、促进经济社会绿色转型、应对国家能源安全和实现“双碳”目标具有重要意义。本文系统评估了北京市车用加氢站建设运营现状与存在问题，指出加氢体系顶层设计需完善，当前加氢站建设程序协调难度较大，尚未形成良好的产业生态，加氢站空间布局急需统筹；在系统梳理加氢站相关法律法规、标准规范、上位规划、政策文件的基础上，总结了加氢站布局选址原则、安全距离要求、平面布局要求和土地与经营手续要求等；综合考虑供需匹配的强适应性、落地实施的可操作性、带动产业发展的适度超前性以及应对未来不确定因素的充足弹性，阐释了加氢站布局规划的主要步骤与方法；最后结合北京市实际，提出市场主导、政府引导，强化安全、依法依规，简化流程、分批推动的实施建议。研究成果可为加氢站布局规划编制和加氢站选址提供技术支撑。

【关键词】交通规划；加氢站；布局；选址

【作者简介】

何青，女，博士，北京市城市规划设计研究院，高级工程师。电子邮箱：qinghe1011@163.com

张鑫，男，硕士，北京市城市规划设计研究院，交通规划所副所长，教授级高级工程师。电子邮箱：13810647303@139.com

王文成，男，博士，北京市城市规划设计研究院，工程师。

电子邮箱：wangwencheng@bjghy.com

林泷嵚，女，硕士，北京市城市规划设计研究院，工程师。电子邮箱：759641746@qq.com

龚嫣，女，学士，北京市城市规划设计研究院，教授级高级工程师。电子邮箱：gongyan_jt@sina.com

张魁臣，男，学士，华合（北京）国际工程设计有限公司。电子邮箱：765281687@qq.com

冯新校，男，学士，华合（北京）国际工程设计有限公司，工程师。电子邮箱：346302365@qq.com

广州南站发展回顾及提升策略研究

刘晓航

【摘要】本文从广州南站的规划选址入手，详细阐述了广州南站从建成到运营至今二十年来的各个规划阶段，并将既有规划与现状进行对比，从地区发展、道路交通、轨道交通及交通衔接设施等多角度对南站的运营效果进行分析，对广州南站选址及规划是否合理进行经验总结。在此基础上提炼新时代铁路枢纽在规划选址、地区开发以及集散系统等方面的规划策略，希望能为新时代铁路客运枢纽的规划设计及优化提升提供参考。

【关键词】铁路枢纽；广州南站；规划选址；发展历程；提升策略

【作者简介】

刘晓航，男，硕士，广州市交通规划研究院有限公司。电子邮箱：457816055@qq.com

杭州轨道交通站点活力评价及影响因素研究

莫方旭　雷心悦　戴　霁　梁　茜　周杲尧

【摘要】本文借助手机信令等大数据，构建了节点—场所活力双评价模型，评估杭州轨道交通站点及周边 800m 范围的活力。参考 2022 年全国 48 个开通轨道交通城市的日均进站量分布情况，首先确定杭州轨道交通站点的节点活力分级标准，并进一步划定场所活力的分级标准；依据节点—场所模型将站点分为双高、双中、双低、失衡四种活力类型，对杭州轨道交通站点活力分布现状展开评价。从用地、交通、业态、设计四大维度研究站点活力影响机制，分析双高站点的建成环境、非双高站点形成原因及存在的问题，为站点活力提升策略制定提供参考。

【关键词】轨道交通；站点活力评价；影响因素分析；节点—场所模型

【作者简介】

莫方旭，女，硕士，杭州市规划设计研究院，助理工程师。电子邮箱：Mo_Fangxu@163.com

雷心悦，女，硕士，杭州市规划设计研究院，工程师。电子邮箱：276021713@qq.com

戴霁，男，学士，杭州市规划和自然资源局，副科长，助理工程师。电子邮箱：273142397@qq.com

梁茜，女，硕士，杭州市规划设计研究院，助理工程师。电子邮箱：1964246635@qq.com

周杲尧，男，硕士，杭州市规划设计研究院，高级工程师。电子邮箱：14989184@qq.com

铁路车辆基地上盖交通一体化研究

——以广州市大朗客整所为例

王　俊　刘尔辉　王　帅

【摘要】大朗客整所上盖项目是广州市对铁路用地上盖开发利用的首次尝试。本文以大朗客整所上盖项目为例，创新提出了融贯规划、设计全流程"一站式"交通一体化设计体系，通过分析铁路车辆基地用地特性及现阶段开发利用存在的问题，系统规划盖上、地面的车行、人行交通流线，实现交通设施无缝衔接、盖上和地面空间充分利用、轨道功能与城市服务功能有机衔接，有效解决车辆基地上盖开发面临的割裂城市空间、交通环境复杂、上下连接不畅等交通问题，交通空间品质显著提升，指引铁路车辆基地交通体系规划建设，为后续其他的铁路车辆基地上盖开发交通一体化设计提供可借鉴经验。

【关键词】城市交通；交通一体化；铁路车辆基地；上盖交通；大朗客整所

【作者简介】

王俊，男，硕士，广州市交通规划研究院有限公司，工程师。电子邮箱：450850280@qq.com

刘尔辉，男，硕士，广州市交通规划研究院有限公司，高级工程师。电子邮箱：2220911126@qq.com

王帅，男，学士，广州市交通规划研究院有限公司，工程师。电子邮箱：1510157062@qq.com

轨道交通站点周边一体化衔接设施实施关键方法研究

苏文恒　杜小玉

【摘要】在近年来城市轨道交通网络迅速发展的背景下，完善轨道交通站点周边一体化设施规划与建设工作，对于轨道交通效能的发挥，营造高品质的换乘环境，加强轨道站点对周边用地开发的引导与服务作用，提高轨道客流吸引强度和服务范围，提升城市综合客运交通网络整体效率显得尤为重要。本文以某特大城市主城区轨道交通线路为研究对象，结合GIS平台智能化分析，指出当前一体化衔接设施实施中存在的问题，从衔接方案优化、实施计划编制、实施保障措施等方面探讨轨道交通一体化配套设施实施关键技术及方法，为制定科学合理的一体化衔接设施实施计划提供策略与思路。

【关键词】轨道交通；一体化衔接；设施布局；实施计划；GIS

【作者简介】

苏文恒，男，硕士，江苏都市交通规划设计研究院有限公司，工程师。电子邮箱：528056166@qq.com

杜小玉，女，硕士，江苏都市交通规划设计研究院有限公司，高级城乡规划师。电子邮箱：723865371@qq.com

存量更新背景下老城区公交场站规划实施路径

——以广州市越秀区为例

陈春安　汪振东　王江萍

【摘要】公交场站是支撑常规公交发展的基础设施，是落实公交优先战略的重要保障。面对老城区公交站场缺口较大、土地利用资源紧缺、轨道交通站点高覆盖且客流持续上升等现状问题，迫切需要开展公交场站规划策略研究。本文以广州市越秀区为例，从客流特征出发，融合国际发展经验，形成与老城区城市更新相协调的规划实施路径。首先，剖析了越秀区公交场站现状问题及客流特征，明确了老城区常规公交突出为老年人、中小学生提供全龄友好出行服务的特色定位；其次，借鉴国内城市的公交场站规划建设经验，科学论证越秀区常规公交需求；最后，契合用地，构建"三级三类"的公交首末站体系，并结合城市更新及用地收储等项目，提出了储改协同、综合开发的公交首末站规划实施路径。本研究成果可为同类城市老城区公交场站规划建设提供参考。

【关键词】城市更新；配建公交场站；综合开发；公交场站规划

【作者简介】

陈春安，男，硕士，广州市交通规划研究院有限公司，工程师。电子邮箱：763864279@qq.com

汪振东，男，学士，广州市交通规划研究院有限公司，交通规划一所（道路工程所）副所长，高级工程师。电子邮箱：28035955@qq.com

王江萍，女，硕士，广州市交通规划研究院有限公司，工程师。电子邮箱：642217438@qq.com

云南磨憨口岸与腹地物流交通的融合发展及优化

孙莉芬　代盛旭　李　妍　蔡旻翰

【摘要】随着区域全面经济伙伴关系（RCEP）协定和国家、省、自治州（市）战略的推进，磨憨镇因其口岸通道、区位等优势，城镇定位和战略地位不断提升，成为我国面向老挝最便捷、最安全的口岸通道，同时也由一个边关小镇向国际口岸城市转变。边境口岸作为连接“国内国际两个市场、两种资源”的重要枢纽，是边境地区重要的生长点及经济增长极。边境口岸的发展需要其腹地城市的支撑，构建边境口岸与腹地城市物流网络体系，是实现边境地区要素快速流动、促进口岸与腹地城市之间经济、贸易往来的重要支撑。为紧抓中老铁路开通机遇，发挥枢纽—口岸优势，推动昆明在国际物流通道中担当“领跑者”的角色，急需依托中老铁路运输通道，通过对物流功能的重组和布局优化，有效整合物流资源。为进一步联动昆明—磨憨国家物流枢纽的昆明片区和磨憨片区，本文提出一系列融合发展策略，对构建跨境经济合作、边境口岸与城市功能良性互动具有重要的现实意义。

【关键词】陆上边境口岸；口岸物流枢纽；国家物流枢纽

【作者简介】

孙莉芬，女，硕士，昆明市城市交通研究所，主任，高级工程师。电子邮箱：69770441@qq.com

代盛旭，男，硕士，昆明市城市交通研究所，工程师。电子邮箱：874425296@qq.com

李妍，女，学士，昆明市建设服务中心，工程师。电子邮箱：308905160@qq.com

蔡旻翰，男，硕士，昆明市城市交通研究所。电子邮箱：3590327626@qq.com

边缘站向中心站转变背景下的枢纽集疏运设施布局方法及站前区开发强度控制方法研究

——以南通火车站为例

王　昊

【摘要】随着城市规模扩大及高铁、城际铁路等多层次铁路网的建设，部分现状城市边缘站逐步演变为城市中心站。部分铁路枢纽站房面临由现状单侧站房向规划两侧双站房提升扩容，铁路片区的交通体系也面临重构。重构过程中如何进行多方式集疏运交通设施的重新布局、如何重新组织交通集疏运体系成为核心问题。同时，站前核心区范围内开发强度指引如何合理确定也是必须回答的问题。本文以南通火车站为例，探索城市边缘站向城市中心站转变背景下的枢纽集疏运设施布局方法及开发强度指引方法。为新发展形势下的双侧站枢纽集疏运设施布局及站前区开发强度控制指引提供一定的参考和借鉴。

【关键词】铁路枢纽；提升扩容；集疏运体系；站前区开发强度

【作者简介】

王昊，女，硕士，江苏省规划设计集团，高级工程师。电子邮箱：582172078@qq.com

区域性枢纽机场交通集疏运经验总结与启示

缪江华　李颖峰

【摘要】区域性枢纽机场是大都市圈的双枢纽或多枢纽机场之一，一般距离市中心区较远，城市外围区及周边城市的航空客流占比较高。本文综合考虑机场的功能定位、地理区位及近远期客流规模等因素，从国内外知名都市圈选取类似特点的区域性枢纽机场为案例，对其交通集疏运模式和通道规模进行梳理及总结，为区域性枢纽机场交通规划提供参考。

【关键词】区域性；枢纽机场；集疏运；经验总结

【作者简介】

缪江华，男，硕士，广州市交通规划研究院有限公司，高级工程师。电子邮箱：450417422@qq.com

李颖峰，男，学士，广州市交通规划研究院有限公司，工程师。电子邮箱：962101005@qq.com

提升上海港韧性能力的若干思考

顾　煜　张　林　王东磊　王忠强

【摘要】本文从理论层面提出了港口韧性体系，对其内涵、属性与影响因素进行界定，搜集了国内外港口韧性建设的典型案例，分析上海港发展现状及面临的经济风险、环境风险、公共卫生事件、技术风险和事故风险，评估港口韧性能力及其短板，并针对性地提出提升港口基础设施韧性能力、提升港口多元服务韧性能力、提升港口安全响应韧性能力、建立全生命周期风险预警体系以及建立常态化的基础设施风险评估机制等策略建议，为上海港提升韧性能力提供指导，也为国内外其他港口的韧性建设提供一定的启示借鉴。

【关键词】韧性能力；港口；上海；风险因素

【作者简介】

顾煜，男，硕士，上海市城乡建设和交通发展研究院，副总工程师，高级工程师。电子邮箱：chemistgu@163.com

张林，男，学士，同济大学城市风险管理研究院，专家委员会副主任，高级工程师。电子邮箱：406637492@qq.com

王东磊，男，硕士，上海市城乡建设和交通发展研究院，工程师。电子邮箱：wdl0514@qq.com

王忠强，男，博士，上海市城乡建设和交通发展研究院，总工程师，高级工程师。电子邮箱：wzqqzw2013@163.com

05 交通治理与管控

超大城市旅游交通治理研究

——以上海海昌海洋公园为例

周晋冬

【摘要】本文以上海海昌海洋公园开园前的旅游交通治理保障方案为例，详细分析了超大城市主题乐园如何结合现状条件及交通特征因素制定对策，保障开园后区域整体交通系统的顺畅和通达。充分借鉴了上海迪士尼等案例的成功经验，根据主题乐园高峰期大客流集聚的特征，开园前按照较不利的客流量情况来提前应对，从各方面针对不同交通方式及组织形式提出有针对性、可实施的方案，并且在后续开园后实施效果显著，为其他类似项目提供了较好的参考经验。

【关键词】旅游交通；主题乐园；大客流；交通治理保障

【作者简介】

周晋冬，男，硕士，上海浦东建筑设计研究院有限公司，交通研究中心主任助理，交通顾问所所长，高级工程师。电子邮箱：271557462@qq.com

跨界一体化地区交通治理策略研究

——以长三角一体化示范区水乡客厅为例

许　佳

【摘要】区域协同发展是国家空间治理的重要举措，综合交通提升及区域交通走廊建设已成为跨界一体化形成与发展的基石。长三角一体化示范区成立以来，跨界往来日益密切，但是跨界一体化地区交通发展仍然存在难点。水乡客厅是示范区“核心中的核心”，具备跨界一体化地区交通典型特征。本文以水乡客厅为例，借鉴一体化地区、可持续城市、绿色交通示范区等国内外案例，从跨域融合、水陆联动、快达慢游、低碳韧性、智享出行五个维度打造水乡客厅绿色交通系统，突破跨界一体化地区交通发展瓶颈，以支撑产居、人文、生态一体化发展的世界级水乡客厅建设。相关研究结论可以作为跨界一体化地区交通治理研究参考。

【关键词】跨界一体化；绿色交通；交通治理

【作者简介】

许佳，女，硕士，上海市政工程设计研究总院（集团）有限公司，高级工程师。电子邮箱：415059909@qq.com

基于纳什均衡模型的城市交叉口信控优化方法

吴北川　代漉川　鞠色宏　陈　健

【摘要】在不改变路口现状渠化和交通组织的前提下，交叉口信号优化是提升路口通行效率、缓解拥堵的有效措施。基于此，本文结合达州市智能交通二期项目的路口案例，提出了一种基于纳什均衡理论的城市交叉口信控优化方法，引入纳什均衡模型来模拟交通参与者的行为，以寻找一种使各方均无法通过改变自身策略而单独获得更好结果的信号配时方案。该研究方法在均衡各方利益的同时，可有效地减少路口交通流的平均排队长度、延误指数和停车次数，提升服务水平和通行效率，为城市交通信号优化提供了一种全新的解决思路。

【关键词】纳什均衡理论；信号配时方案；平均排队长度；延误指数；停车次数

【作者简介】

吴北川，男，硕士，中铁二院工程集团有限责任公司，工程师。电子邮箱：1224430542@qq.com

代漉川，男，硕士，中铁二院工程集团有限责任公司，规划院智能所所长，高级工程师。电子邮箱：dailc@ey.crec.cn

鞠色宏，男，学士，中铁二院工程集团有限责任公司，工程师。电子邮箱：jush01@ey.crec.cn

陈健，男，硕士，中铁二院工程集团有限责任公司，规划院副总监，高级工程师。电子邮箱：chenjian@ey.crec.cn

基于高速公路差异化收费的货车引导分流政策研究

——以厦门市为例

许　越

【摘要】为降低货车对城市道路的影响、提高整体道路资源利用率，通过实施高速公路差异化收费政策，将城市道路上的货车引导分流至邻近的高速公路，使货车在整体路网上的分布更加均衡。高速公路差异化收费政策的实施要综合考虑路段情况、收费方式、优惠车辆、优惠额度等多方面因素，并辅以一系列配套措施。通过构建交通模型来模拟政策实施后货车分流情况，科学评估高速公路差异化收费政策的实施效果。本文介绍了厦门市对高速公路差异化收费政策的尝试和探索，对高速公路差异化收费政策的推广有一定借鉴意义。

【关键词】差异化收费；货车分流；效果评估

【作者简介】

许越，男，硕士，厦门市国土空间和交通研究中心（厦门规划展览馆），工程师。电子邮箱：xuyuehowie1989@163.com

儿童友好导向下苏州古城区小学门前通学交通优化策略研究

唐世闯　李梦迪

【摘要】儿童是国家和民族未来的希望，儿童友好城市的建设正逐步成为城市未来发展的重要方向之一。近年来，苏州一直致力于建设儿童友好型城市，但因历史原因，古城区小学门前道路狭窄，停车空间不足，家长在上下学交通高峰时段接送孩子时，常因停车等问题造成学校门前交通拥堵，严重威胁了小学生通学的安全。本文在梳理国内外文献的基础上，调研、剖析苏州古城区小学门前道路存在的问题，从优化道路断面构成、动态交通管理、停车组织以及增加门前接送空间四个方面进行深入研究，探讨、总结苏州古城区小学门前通学交通疏解的优化策略，以期能够更好地保护古城并营造一个安全的通学环境。

【关键词】儿童友好；苏州古城区；小学门前；通学交通；优化策略

【作者简介】

唐世闯，男，硕士研究生，苏州科技大学。电子邮箱：1748397502@qq.com

李梦迪，女，硕士。电子邮箱：1176920650@qq.com

城市桥梁匝道处平面交叉口改善研究
——以武汉市晴川桥汉口段上下桥匝道处平面交叉口治理为例

郭　意

【摘要】城市桥梁修建完成后，有效地满足了中长距离交通需求，改善了交通状况，但对地面道路，尤其是交叉口的交通却造成较大的负面影响。本文以武汉市晴川桥汉口段高架匝道处平面交叉口治理为例，针对现状交通问题，如机非混行、进出口车道数不匹配、信号配时不合理、上下桥排队长度不足等问题。分别从交通组织改善、交通空间拓展、交通信号优化等方面提出改善方案，为城市桥梁上下匝道处平面交叉口的规划设计提供思路与借鉴。

【关键词】城市桥梁；平面交叉口；交通组织改善；交通空间拓展；交通信号优化

【作者简介】

郭意，男，硕士，武汉生态环境设计研究院有限公司，工程师。电子邮箱：253060522@qq.com

基于信号协调控制的小街区单向干路网研究

苏镜荣

【摘要】为了指导小街区单向二分路干路网合理规划，本文基于“窄马路、密路网”道路布局理念，分析单向二分路的概念和特征，提出等效干路和等效交叉口概念，引入循环绿波控制控制原理和分析方法，分别对单向二分路等效交叉口实现循环绿波控制的条件及单向二分路等效干路网实现循环绿波控制的条件进行推导，并利用 Vissim 交通仿真软件对单向二分路干路网采用单点信号控制和绿波协调控制的交通效益进行对比。结果显示：在一定条件下，单向二分路干路网可以实现绿波协调控制，且单向二分路干路网实现绿波协调控制后，对比单点信号控制，交叉口平均控制延误、尾气排放量和燃油消耗量减少效果明显，具有明显的社会、经济和环境效益，有较大的推广价值和应用前景。

【关键词】城市交通；单向二分路；干路网；绿波协调控制

【作者简介】

苏镜荣，男，硕士，深圳市城市交通规划设计研究中心股份有限公司，云南分院院长，正高级工程师。电子邮箱：396667397@qq.com

中小城市交通治理方法研究与实践

——以河南省巩义市为例

张晓楠

【摘要】城市更新已上升为国家战略，城市发展更加注重补短板、提品质，建设宜居、韧性和智慧的城市。现阶段中小城市交通治理的社会关注度较低，尚未达到大城市交通治理的广泛影响力，缺乏共识和指引。本文依托城市交通治理项目实践的经验积累，对中小城市道路交通特征进行全面的梳理与总结，研究制定中小城市交通综合治理“工具箱”；以“重安全、优秩序、提效率”为目标，研究中小城市的路权分配、空间设施治理、交通安全提升等方面的技术路线与实施路径；最后，以河南省巩义市为案例，分析其道路交通现状，提出中心城区交通综合治理方案，并进行实施效果评估。

【关键词】交通治理；街道功能；中小城市；实施方案

【作者简介】

张晓楠，男，硕士，郑州市规划勘测设计研究院有限公司，工程师。电子邮箱：591102422@qq.com

天津双城中间生态屏障区道路交通调整策略

——借鉴荷兰兰斯塔德“绿心”地区交通发展经验

董　静　刘　建

【摘要】双城中间绿色生态屏障区是天津市结合自身发展特点和要求，提出的对城市发展战略和城市空间结构的重大调整。在“绿水青山就是金山银山”的发展理念下，未来双城中间地区的发展重点将由“城市建设”转为“生态管控”，这一发展思路的深刻变革必将对地区交通系统提出新的要求和挑战。本文结合地区现状发展实际和规划愿景，通过借鉴荷兰兰斯塔德“绿心”地区交通发展经验，提出新发展形势下适合天津双城中间生态屏障区的道路交通系统调整策略。

【关键词】生态屏障区；绿色发展；调整策略

【作者简介】

董静，女，学士，天津市城市规划设计研究总院有限公司，高级工程师。电子邮箱：946918731@qq.com

刘建，男，硕士，天津市城市规划设计研究总院有限公司，工程师。电子邮箱：35547478@qq.com

“双减”背景下合肥市包河区小学通学空间拥堵现状分析

葛后华　张以恒　谢麟祯　汪之乔　傅辰昊

【摘要】合肥市包河区具有新旧城区兼容的特殊性，本文针对包河区小学通学行为引起的通学空间拥堵，运用问卷调查、相关性分析和机器学习等方法研究其拥堵特征及主观感知与各因素间的联系，有利于了解“双减”政策背景下包河区小学周边拥堵现状。结果表明，在通学方式的选择上，无论是老城区还是滨湖新区，都是非机动车占比较高，其次是步行和机动车，公共交通的使用最少；通学距离、通学方式、通学时间、道路等级及道路路幅对于人们在通学期间的交通状况感知的影响方式和作用程度不同，为城市小学周边缓堵策略的制定提供理论基础。

【关键词】通学；小学；包河区；主观感知；机器学习

【作者简介】

葛后华，男，本科生，合肥工业大学。电子邮箱：854183335@qq.com

张以恒，男，本科生，合肥工业大学。电子邮箱：2786689513@qq.com

谢麟祯，男，本科生，合肥工业大学。电子邮箱：569073016@qq.com

汪之乔，男，本科生，合肥工业大学。电子邮箱：1275652889@qq.com

傅辰昊，男，博士，合肥工业大学，城乡规划系主任，副教

授。电子邮箱：806400070@qq.com

基金项目：合肥工业大学 2023 年省级大学生创新创业训练计划项目“双减政策背景下合肥市包河区中小学周边道路系统的优化策略”（S202310359207）

高科技产业园区停车治理策略研究

初红霞　张宁宁　崔家强

【摘要】近年来随着经济增长及汽车产业的进一步发展，停车难、停车乱问题愈发突出，国家及地方层面不断出台相关政策和文件，推动停车设施发展，开展停车治理，改善停车环境，但以往研究主要针对城市内部，对产业园区研究较少。本文针对关注较少的高科技产业园区，结合其区位、业态、出行结构特点，对其停车供需特征进行深入研究，在此基础上提出结构性优化供需关系、建立相适应的收费机制、停车长效机制等策略，希望能为高科技产业园区停车治理提供思路。

【关键词】高科技产业园；停车治理；收费机制；长效治理；动态评估

【作者简介】

初红霞，女，硕士，天津城建设计院有限公司，高级工程师。电子邮箱：22014716@qq.com

张宁宁，女，硕士，天津城建设计院有限公司，助理工程师。电子邮箱：3311049919@qq.com

崔家强，男，硕士，天津智慧城市研究院，助理工程师。电子邮箱：jiaqiangcui@163.com

微循环交通模式下特殊单向交通组织研究

雷永智　王　亮　付　豪　孙千里

【摘要】微循环交通模式是优化城市交通、发掘路网运能的重要手段，也是中国城市核心城区疏解拥堵的重要方式。单向交通组织则是实现微循环交通模式的常见方法，已得到充分应用，在此背景下不少学者在传统单向组织的基础上提出特殊改进。本文梳理已有单向交通组织形式，并对比分析各自特点。以西安市凤城路片区为研究区域，提出基于微循环模式的多种单向交通组织方案，并使用 TranStar 软件对方案进行仿真，建立微循环单向交通组织评价体制；使用 FAHP-TOPSIS 模型，结合仿真指标评判方案综合效果，研究发现特殊单向方案优于传统方案，且在经济、环境和节点维度可以优化现状路网，但综合系统和路网双维度评价，特殊单向在案例中实施效果十分有限。

【关键词】微循环交通；单向交通组织；模糊层次分析法；TOPSIS；TranStar

【作者简介】

雷永智，男，学士，中国电建西北勘测设计研究院有限公司，正高级工程师。电子邮箱：leiyongzhi@nwh.cn

王亮，男，学士，中国电建西北勘测设计研究院有限公司，高级工程师。电子邮箱：251760078@qq.com

付豪，男，学士，中国电建西北勘测设计研究院有限公司，助理工程师。电子邮箱：1183327758@qq.com

孙千里，男，硕士研究生，东南大学。电子邮箱：2511519342@qq.com

基于共享理念的停车策略研究

张意鸣

【摘要】近年来武汉市机动车使用率居高不下，道路拥堵和停车难、停车乱问题愈发突出。目前城市属于提质增效阶段，交通基础设施提级扩能和结构优化是实现该目标的有效手段。共享停车应运而生，它是缓解高峰期停车供需矛盾的新路径，其与公共停车场建设同等重要。本文以武汉市重点学校和医院为例，基于分散时长需求、搭建预约平台、采取收费调控机制和构建智能引导系统等，提出与现状停车问题特征相匹配的共享停车策略和指引系统，盘活周边存量停车资源，提高车位周转率，落实至实施点位层面，后期与相关教育、交通部门形成对应的工作机制等，为共享停车精细化治理研究提供相关参考。

【关键词】共享停车；学校医院；停车策略；引导系统；工作机制

【作者简介】

张意鸣，女，硕士，武汉市规划研究院（武汉市交通发展战略研究院），工程师。电子邮箱：564049258@qq.com

堤防空间慢行化改造初探

——以武汉武金堤为例

李 瑞

【摘要】在城市空间资源日益紧缺的背景下，既有公共空间的活化再利用成为城市品质提升和空间结构优化的关键途径。本文以武汉市武金堤堤防空间慢行化改造为例，在两江四岸滨水空间品质提升背景下，综合考虑堤防空间特殊性及周边交通复杂性，从需求特征分析、交通组织优化和多方案比选论证等方面，详细探讨了此特殊类型城市存量公共空间改造活化的可行性。作为具有一定代表性的城市存量公共空间资源，堤防空间的慢行化改造不仅能有效缓解城市土地资源紧张，提升公共空间使用效率，更能促进城市文化的传承与创新，增强市民幸福感。本案例可为其他城市存量堤防空间的活化再利用提供有益参考，有助于推动城市公共空间的可持续发展。

【关键词】堤防空间改造；绿道建设；慢行空间

【作者简介】

李瑞，男，硕士，武汉市规划研究院（武汉市交通发展战略研究院），工程师。电子邮箱：770503976@qq.com

基金项目：武汉市交通强国建设试点科技联合项目“武汉都市圈1小时通勤圈发展研究”（2023-2-3）

多交叉口干路交通组织方式研究

金　杨　徐　雷　刘　冰

【摘要】近年来“窄马路、密路网”城市道路布局理念已在多地城乡规划中体现并落实，城市交通管理为避免多交叉口影响干路交通运行，常采取支路“右进右出”交通组织方式，存在整体交通成本上升的问题。多交叉口干路交通组织方式应因地制宜、灵活组织，因此研究容积率、道路间距、交通组织方式三个维度间的相互关系是有必要的。本文在交通组织方式维度，提出一种适用于窄密路网的交通组织方式，与“右进右出”交通组织方式进行对比。基于 VISSIM 仿真平台，在分别获取 30 个仿真场景的交通密度、运行速度、平均延误等交通指标后，进一步建立考虑延误的碳排放量计算模型作为评价指标之一。在窄密路网环境下，路网密度与容积率存在相关关系，当地块容积率为 1.5～2.5 时，评价指标受交通组织方式的影响显著增加。

【关键词】窄密路网；交通组织；中微观仿真；交通评价；碳排放

【作者简介】

金杨，男，硕士，上海同济城市规划设计研究院有限公司，工程师。电子邮箱：rzjinyang@163.com

徐雷，男，硕士，上海同济城市规划设计研究院有限公司，高级工程师。电子邮箱：44492513@qq.com

刘冰，女，博士，同济大学，教授。电子邮箱：liubing1239@tongji.edu.cn

北京市老城区胡同交通秩序整治提升

——以柳荫街片区为例

杜倩雨　温鹏飞　赵光华　王健彤

【摘要】胡同是首都功能核心区内的道路分级体系之一，将胡同纳入交通管理体系、开展专项环境整治、优化交通秩序、加强综合管理水平是优化老城交通出行环境的重点任务。本文以北京柳荫街周边区域环境整治提升项目为例，胡同现状存在无序停车、杂物堆放、人车混行、交通执法难等问题，通过落实规划引领，对胡同功能定位、出行空间、设计指标等方面进行探索，提出加强停车治理调控、优化胡同空间分配、完善交通秩序管理、建立基层单元共治的实施路径，从而建立胡同交通环境整治和交通秩序管理长效机制。

【关键词】交通秩序；胡同；首都功能核心区；空间分配；整治路径

【作者简介】

杜倩雨，女，硕士，中国建筑设计研究院有限公司，工程师。电子邮箱：duqy@cadg.cn

温鹏飞，男，学士，北京市公安局公安交通管理局西城交通支队。电子邮箱：wenpengfei444@126.com

赵光华，男，硕士，中国建筑设计研究院有限公司，高级工程师。电子邮箱：2017072@cadg.cn

王健彤，男，学士，中国建筑设计研究院有限公司，助理工程师。电子邮箱：3121007@cadg.cn

基金项目：中国建筑设计研究院有限公司（重大项目）“双碳背景下 TOD 数智化采集技术与决策支持平台研发”（1100C080230064），中国建筑设计研究院有限公司（重大项目）“北京历史文化街区和成片传统平房区的保护性更新技术研究”（1100C080230231）

城市更新背景下“孤岛型”地区交通改善研究

章　燕

【摘要】在城镇化快速发展进程中，由于地理、历史原因或城乡规划的局限性，形成了部分“孤岛型”地区，城市更新给这类地区带来了新的发展契机。本文详细梳理了“孤岛型”地区存在的交通问题，提出城市更新背景下交通改善的主要思路，并以江阴市国乐岛为例，具体阐述了“孤岛型”地区交通改善路径。研究成果对于支撑高质量的城市更新具有重要意义。

【关键词】城市更新；“孤岛型”地区；交通改善

【作者简介】

章燕，女，硕士，江苏省城市规划设计研究院有限公司，高级工程师。电子邮箱：327265901@qq.com

基于社会空间重构的城市街巷网络更新研究

——以上海芷江西路街道为例

韦 笑 马 强 吴斐琼

【摘要】在现行城市道路体系技术标准中，微观尺度界定到城市支路，因此城市存量空间中大量存在的“街巷”系统普遍难以符合支路技术标准，在交通概念上处于“非正规”的状态。对街巷系统的长期忽视，在客观上是导致我国城市支路网密度较低的重要原因之一，也造成城市更新面对“大尺度”的微观空间单元，不仅使居民出行不便、各种公共产品和功能难以有效植入，城市更新的实效也大打折扣。造成这一问题的原因除了物质空间之外，更深层次的是“邻避效应”导致的城市更新中出现的“囚徒困境”。本文从社会空间邻里关系重塑的角度，以上海芷江西路街道的街巷改造为例，借用渐进决策理论（the science of muddling through）理论，促进街巷网络融入城市道路体系，充分挖掘其两侧活力界面价值、公共空间潜力，改变以往“理性人”“车本位”的工程化改造思路，重塑街区内部的微循环系统、微交互空间、微更新网络，通过再造社区邻里关系，构建有温度、充满“烟火气”“人情味”、体现以人为本的“最小通行权”概念的微更新街巷体系，最终破解街区建设公共空间的壁垒。

【关键词】非正规；街巷系统；微循环；最小通行权

【作者简介】

韦笑，女，硕士，上海同济城市规划设计研究院有限公司，

工程师。电子邮箱：420986551@qq.com

马强，男，博士，上海同济城市规划设计研究院有限公司，正高级工程师。电子邮箱：mac1416@vip.163.com

吴斐琼，女，硕士，上海同济城市规划设计研究院有限公司，高级工程师。电子邮箱：53256155@qq.com

出行即服务环境下城市拥堵治理实证研究

顾宇忻　杨欣乐　张　薇　林晓生　景国胜

【摘要】拥堵问题已成为制约城市可持续发展的重要因素。传统治理手段已难以应对日益复杂的交通状况。随着大数据和信息技术的飞速进步，城市拥堵治理可利用出行即服务（Mobility as a Service，MaaS）环境下的多源数据融合，通过个体出行推演，提取并甄别多模式交通特征，构建基于个体全链出行的交通分配模型并搭建系统。本文评估不同交通规划方案对城市拥堵的正负向影响，并以广州为例开展应用研究。结果表明，该系统为城市交通拥堵治理提供了智慧化、便捷化和直观化的决策支持，为道路拥堵治理开辟了新的思路与解决方案。

【关键词】出行即服务；个体出行链；交通分配；拥堵治理；系统构建

【作者简介】

顾宇忻，女，硕士，广州市交通规划研究院有限公司，广东省可持续交通工程技术研究中心，科技创新中心前沿流动工作部部长，高级工程师。电子邮箱：99647705@qq.com

杨欣乐，女，学士，深圳大学建筑与城市规划学院。电子邮箱：lknoy67CHa23@163.com

张薇，女，博士，广州市交通规划研究院有限公司，广东省可持续交通工程技术研究中心，高级工程师。电子邮箱：275570550@qq.com

林晓生，男，学士，广州市交通规划研究院有限公司，广东省可持续交通工程技术研究中心，科技创新中心系统开发部部

长，工程师。电子邮箱：761115402@qq.com

景国胜，男，硕士，广州市交通规划研究院有限公司，广东省可持续交通工程技术研究中心，董事长，正高级工程师。电子邮箱：1049319342@qq.com

有限空间下广州电动自行车骑行空间完善治理研究

李健行　郑贵兵　欧阳剑

【摘要】电动自行车在方便市民出行的同时，也带来了较多交通秩序和安全问题，是当前城市交通治理的主要痛点。近年来广州市电动自行车保有量快速增加，道路交通安全事故频发，主要面临非机动车道宽度不足、骑行规则不清晰等问题。本文从路权共享、资源再分配等角度，提出了有限道路空间资源下3种电动自行车骑行空间设计和交通组织设计方法。在广州市中山大道等应用实践中，通过压缩一条机动车道改为非机动车道和精细化节点处的骑行组织，高峰小时机动车运行速度可保持在20km/h以上，路段饱和度在0.85以下，机非交通运行秩序较大改善，安全性得到较大提升，可为交通管理部门电动自行车治理提供技术参考。

【关键词】电动自行车；道路安全；骑行空间；交通设计；路权共享

【作者简介】

李健行，男，学士，广州市交通规划研究院有限公司、广东省可持续交通工程技术研究中心，技术质量所副所长，高级工程师。电子邮箱：15473424@qq.com

郑贵兵，男，硕士，广州市交通规划研究院有限公司，广东省可持续交通工程技术研究中心，助理工程师。电子邮箱：1441411885@qq.com

欧阳剑，男，硕士，广州市交通规划研究院有限公司，广东省可持续交通工程技术研究中心，工程师。电子邮箱：1131551023@qq.com

城市道路精细化体检技术研究

徐　淳

【摘要】随着城镇化水平的不断提升，城市道路建设已经从大规模批量建设进入品质提升阶段，这就意味着城市道路发展的重点已经从单纯的数量扩张转向了质量和功能的完善。而如何精准查摆现有城市道路存在的功能性缺陷，成为道路改造的前提与关键。本文将“城市体检”这一概念引入道路改造前期调研中，梳理现有调研方法的不足之处，并提出多维资料采集和多元数据获取两个路径的道路体检方法，在此基础上形成道路体检指标体系，为道路改造决策提供有力的支撑。

【关键词】城市更新；道路体检；指标体系

【作者简介】

徐淳，男，硕士，江苏省规划设计集团有限公司，高级工程师。电子邮箱：504705746@qq.com

基于 NEMA 双环相位的交叉口交通组织优化研究

谷壮壮　赵　哲　董浩然

【摘要】以降低交叉口车辆延误和排队长度为目的，本文引入了 NEMA 双环相位的方法，以重庆市巴南区渝南大道—箭河路平面交叉口为研究对象，对交通情况进行实地调查，使用 VISSIM 仿真软件进行仿真建模，得到每个方向的最大排队长度和车均延误，通过分析仿真结果对通行能力和服务水平评价，根据现有交通问题对平面交叉口配时进行优化，并修改路口渠化，运用 VISSIM 仿真软件进行仿真并输出结果进行分析。结果表明，该优化方案使路口平均延误降低了 10.4%，最大排队长度明显下降，有效提升了交叉口运行效率。

【关键词】NEMA 相位；信号配时；VISSIM 仿真；平面交叉口；交通优化

【作者简介】

谷壮壮，男，学士，重庆交通大学。电子邮箱：1506939716@qq.com

赵哲，男，学士，重庆交通大学。电子邮箱：3492473020@qq.com

董浩然，男，学士，重庆交通大学。电子邮箱：2294183849@qq.com

健康城市视角下的城市滨水空间更新策略研究

——以武汉市武汉关城市阳台为例

王　韡　何　寰　沙建锋　朱林艳　魏　文

【摘要】本文从健康城市视角探讨了城市滨水空间的更新策略，并以武汉市武汉关城市阳台为实例进行深入探讨。通过案例研究及分析，提出塑造亲水空间、打造慢行游览体验、构建生态微环境及营造多元活动场所等滨水空间更新策略，同时结合武汉关城市阳台滨水空间的现状及规划愿景，以“清界面、优空间、提功能、链慢行”为抓手，全面推进武汉关城市阳台滨水空间的更新实践，为健康城市建设提供了有益参考和借鉴。

【关键词】健康城市；滨水空间；更新策略；武汉关城市阳台

【作者简介】

王韡，男，硕士，武汉市规划研究院（武汉市交通发展战略研究院），工程师。电子邮箱：466827377@qq.com

何寰，男，硕士，武汉市规划研究院（武汉市交通发展战略研究院），高级工程师。电子邮箱：3214124@qq.com

沙建锋，男，硕士，武汉市规划研究院（武汉市交通发展战略研究院），高级工程师。电子邮箱：550194005@qq.com

朱林艳，女，硕士，武汉市规划研究院（武汉市交通发展战略研究院），工程师。电子邮箱：1171719148@qq.com

魏文，男，硕士，武汉市规划研究院（武汉市交通发展战略研究院），工程师。电子邮箱：451668206@qq.com

韧性交通理念下包容性城市支路网治理策略

喻铃华　马刘听　王文卿　刘丰军　杨聪美

【摘要】近年来，各大中城市综合路网框架趋于成形，韧性交通基础设施建设也逐渐完善，在应对意外事件对交通系统产生不可逆的影响中起到了关键作用。然而目前，韧性交通网络体系发展仍不成熟，尤其是在城市支路网交通治理方面包容性不强。因此本文创新性地开展韧性交通理念下城市支路网包容治理的策略分析。首先，深入阐述韧性交通理念内涵和包容性城市交通支路网特征及两者之间的联系。其次，基于韧性交通理念，在支路网结构、出行方式、服务对象等方面创造性地提出包容性城市支路网治理策略。最后，以常州市武进区支路网治理为例，剖析支路网发展问题现状，结合韧性交通理念，对城市支路网提出包容性治理方案。为未来城市道路韧性交通基础设施建设和包容性治理提供依据。

【关键词】交通规划；支路网包容治理；韧性交通；武进城区

【作者简介】

喻铃华，女，硕士，浙江大学城乡规划设计研究院有限公司。电子邮箱：805024315@qq.com

马刘听，男，硕士，浙江大学城乡规划设计研究院有限公司，工程师。电子邮箱：490792414@qq.com

王文卿，男，硕士，浙江大学城乡规划设计研究院有限公司，高级工程师。电子邮箱：122311092@qq.com

刘丰军，男，硕士，浙江大学城乡规划设计研究院有限公司，正高级工程师。电子邮箱：13692428@qq.com

杨聪美，女，硕士，浙江大学城乡规划设计研究院有限公司。电子邮箱：2387770568@qq.com

城市更新环境下未来社区交通组织优化探索

——以宁波市白鹤未来社区为例

宋珊珊　张　鸿　谢　灿

【摘要】2019 年浙江省政府在工作报告中首次提出“未来社区”，由此未来社区建设进入了一个新的创新与探索时期。未来社区建设涵盖了邻里、教育、健康、创业、建筑、交通、能源、物业和治理九大场景，其中未来交通是解决老百姓生活出行的基础，是未来社区建设的关键之一。但未来交通建设并没有特定标准，地域性差异较大，并且各社区在交通上面临的问题也不一。本文以宁波市白鹤未来社区交通组织优化研究为例，提出在城市更新环境下，面对复杂多样的城市空间、交通条件等，重点考虑在打造生活圈趋势下的接驳体系建设，构建更加宜居、舒适、便捷的社区交通，为解决城市更新区域交通问题提供借鉴。

【关键词】轨道接驳；微公交；社区慢行

【作者简介】

宋珊珊，女，学士，宁波市鄞州区规划设计院，工程师。电子邮箱：2605766329@qq.com

张鸿，男，学士，宁波市鄞州区规划设计院，高级工程师。电子邮箱：1046652811@qq.com

谢灿，男，学士，宁波市鄞州区规划设计院，工程师。电子邮箱：554905783@qq.com

电动自行车治理策略研究

——以深圳为例

王道训　耿铭君　张剑锋　肖　沅　李　粟

【摘要】电动自行车的快速发展，为市民中短距离出行及民生行业运输提供了便利，同时也给城市交通秩序及安全带来了诸多挑战，成为城市管理急需解决的问题。本文以深圳市为例，系统分析深圳市电动自行车发展历程、需求特征及存在问题，借鉴国内外城市电动自行车管理经验，剖析电动自行车技术性能、骑行需求、深圳城市及交通环境等影响电动自行车发展及管理关键因素，在此基础上，分析电动自行车属性定位，并从完善通行路权、严格准入管控、加强监督执法等方面提出综合治理策略建议。

【关键词】电动自行车；定位；综合治理；深圳

【作者简介】

王道训，男，硕士，深圳市都市交通规划设计研究院有限公司，高级工程师。电子邮箱：363505079@qq.com

耿铭君，男，硕士，深圳市都市交通规划设计研究院有限公司，高级工程师。电子邮箱：181201807@qq.com

张剑锋，男，硕士，深圳市都市交通规划设计研究院有限公司，高级工程师。电子邮箱：611411262@qq.com

肖沅，女，硕士，深圳市都市交通规划设计研究院有限公司，高级工程师。电子邮箱：37381364@qq.com

李粟，女，学士，深圳市都市交通规划设计研究院有限公司，工程师。电子邮箱：1024348226@qq.com

上海浦东新区停车治理创新实践经验

施文俊　陈晓荣　王秋刚

【摘要】上海浦东新区着力打造现代城市治理的示范样板，在停车领域积极探索停车治理新模式。现状停车治理面临着老旧小区和医院停车难、内外部车位新增难、智慧停车管理难等突出问题和难点。为解决这些问题，浦东新区积极把握全区停车普查已完成、市级信息平台已建成以及鼓励政策的陆续出台等契机，采用多种创新做法开展停车综合治理工作。具体包括：深化实践土地集约节约理念，破解用地瓶颈，高标准编制建设规划；建立规划发布和交通主管部门前期介入机制，保障规划落地；采用政府—物业—居民共商机制，试点推进内部挖潜增建；推广社区智慧停车管理，打造居民自治样板小区；开展在线签约停车共享，盘活小区周边资源；推进医院车位预约管理，缓解看病停车难。这些措施对缓解停车难问题起到了积极的作用，为城市治理的全面发展提供了重要的经验积累。

【关键词】停车治理；公共停车设施；停车共享；智慧停车

【作者简介】

施文俊，男，学士，上海市城乡建设和交通发展研究院，高级工程师。电子邮箱：swj126@sina.com

陈晓荣，女，硕士，上海市城乡建设和交通发展研究院，高级工程师。电子邮箱：250147996@qq.com

王秋刚，男，学士，上海城市综合交通规划科技咨询有限公司，工程师。电子邮箱：66420980@qq.com

06 数智赋能与应用

基于大数据的轨道线路初期运营客流预测实践

吴祥国　张建嵩　余梓冬　赵必成

【摘要】初期运营客流预测是指导编制列车运行计划、行车组织方案、大客流车站疏散以及客运组织方案等工作的基础。为了对重庆市轨道交通4号线二期开通初期进行精准的客流预测，本文采用基于步行网格的轨道站步行路径可达范围分析方法获取轨道站域范围，基于轨道闸机、手机信令等多源大数据资源，训练轨道站域人口岗位、机动化出行需求以及轨道进出站客流，建立轨道站域客流概率转移模型、新开通轨道站点进出站客流量预测模型以及轨道站间客流OD预测模型进行预测分析。结合轨道交通4号线二期开通运营开展项目实际应用，将预测结果与实际客流指标进行对比分析，发现模型总体预测精度较高，验证了模型分析方法的合理性和有效性。

【关键词】交通规划；轨道交通；交通模型；多源大数据；初期运营客流预测

【作者简介】

吴祥国，男，硕士，重庆市交通规划研究院，教授级高级工程师。电子邮箱：252308215@qq.com

张建嵩，男，博士，重庆市交通规划研究院，交通信息中心主任，教授级高级工程师。电子邮箱：14550885@qq.com

余梓冬，男，硕士，重庆市交通规划研究院，教授级高级工程师。电子邮箱：117802322@qq.com

赵必成，男，硕士，重庆市交通规划研究院，教授级高级工程师。电子邮箱：43194344@qq.com

基于行人仿真技术的地铁站空间优化研究

——以成都人民公园站为例

黄文韬

【摘要】目前我国仍处于城镇化的快速发展阶段，许多大城市都在积极规划建设地铁网络以缓解交通压力。为了更加合理、高效地规划地铁站内空间，在地铁站设计或改造阶段引入行人仿真技术找寻方案存在的缺陷，能够有效避免客流不畅或资源浪费等问题。本文以成都人民公园站为例，在对其进行充分的实地调研的基础上，利用 MassMotion 行人仿真软件对其进行了仿真模拟试验，并从最大密度、平均密度、空间利用率及疏散时间四个方面分析其现状存在的问题，最后提出兼具可行性和经济性的优化方案。仿真结果表明，人民公园站 D 口楼梯及出站检票闸机处存在明显的拥堵情况，在进行空间优化后，客流密度总体降低，拥堵现象得到较大改善，安全区为站外时的紧急疏散时间缩短了 44s，地铁站综合服务能力进一步增强。

【关键词】行人仿真；空间优化；地铁站；MassMotion

【作者简介】

黄文韬，男，硕士研究生，西南交通大学建筑学院。电子邮箱：2945926608@qq.com

长春市 MaaS（出行即服务）平台研究

刘汉卿　修桂红　王汝鑫

【摘要】传统出行服务供给相对独立，多种出行方式之间缺乏有效衔接，多种出行方式一体化结算存在行业壁垒。随着机动化出行需求愈发旺盛，公共交通出行比例持续较低，带来交通拥堵、多种出行方式换乘不便等问题，急需探索绿色、低碳的出行方式。MaaS（出行即服务）理念的出现，为衔接不同出行方式、缩短等候时间、完善出行路径引导、提升公交出行吸引力、缓解交通拥堵、构建可持续的出行环境具有重要作用。本文分析国内城市 MaaS 发展现状，以长春市 MaaS 平台作为应用案例，介绍长春市近期 MaaS 建设体系框架，为其他城市基于 MaaS 推行公共交通一体化出行服务提供参考。

【关键词】一体化出行；MaaS 平台；碳计算；碳普惠；绿色出行

【作者简介】

刘汉卿，男，学士，长春市市政工程设计研究院有限责任公司，高级工程师。电子邮箱：447067298@qq.com

修桂红，女，硕士，长春市市政工程设计研究院有限责任公司，工程师。电子邮箱：1941361786@qq.com

王汝鑫，男，学士，长春市市政工程设计研究院有限责任公司，工程师。电子邮箱：372835675@qq.com

基于大数据的城市交通运行特征分析及对策研究

陈　云　程　珂

【摘要】2023 年以来杭州社会经济、城市建设等得到恢复和长足发展，以快速路网、轨道交通网为核心的综合交通体系基本完善，道路交通运行较以往呈现出新特征，引起社会各界关注。本文基于杭州交通拥堵指数实时监测平台等交通大数据，对 2023 年度杭州市道路交通运行特征持续进行跟踪监测与系统评估，并研究提出相应的对策建议，为政府部门相关交通政策措施的制定提供参考。

【关键词】大数据；交通运行特征；系统评估；对策建议

【作者简介】

陈云，女，硕士，杭州市城乡建设发展研究院，综合交通研究所副所长，高级工程师。电子邮箱：465888383@qq.com

程珂，女，硕士，杭州络达交通规划设计研究院有限公司，高级工程师。电子邮箱：653192923@qq.com

人工智能时代我国城市智能道路交通发展研究

杨立峰

【摘要】本文回顾了我国智能道路交通技术与应用发展历程，分析了相关车路协同、智慧道路、自动驾驶公交功能框架与工程实践，梳理了人工智能对智能道路交通的重要意义与主要应用情况。针对人工智能时代我国城市发展特征与道路交通、地面公交面临的主要挑战，明确了智能道路交通功能定位，提出城市交通政策应发挥引导作用，开展主动式智能交通需求研究，并提出“智能车—移动导航平台—智慧路”车路协同新架构、“自动驾驶公交+安全员巡查”公交运行新模式、“不同等级、路内路外”一体化智慧道路新系统等智能交通需求，期望促进我国智能道路交通更加高效、高质发展。

【关键词】人工智能；智能交通；智能道路交通；自动驾驶；智慧道路

【作者简介】

杨立峰，男，硕士，上海市政工程设计研究总院（集团）有限公司，正高级工程师。电子邮箱：itsylf@163.com

大数据挖掘下的公共自行车运行特征分析

于思源　王雅晴

【摘要】本文基于核密度分析、相关性分析、聚类和异常值分析、可达性分析等方法，以某市为例，通过对公共自行车站点数据、运营数据、城市 POI 数据、城市交通基础设施数据等多元数据进行分析。在宏观层面，研判公共自行车站点和使用强度的时空特征、潮汐特征和相关性特征；在微观层面，识别特殊公共自行车站点，剖析其使用分布规律，并作出特征分析。研究结果可作为该市公共自行车系统管理评估的依据，为改善服务水平提供技术和理论支撑，并推广应用于其他城市。

【关键词】公共自行车；大数据；宏观；微观；运行评价

【作者简介】

于思源，男，硕士，江苏省城市规划设计研究院有限公司，工程师。电子邮箱：852317015@qq.com

王雅晴，女，硕士，镇江市交通运输局。电子邮箱：823758616@qq.com

基于多元数据分析的交通微更新策略研究

张雅婷

【摘要】如何准确识别现有交通问题是制定交通改善策略的基础，传统交通问题的识别主要依靠专业技术人员的调研或者通过居民问卷抽样调查等方法，数智时代诸多数据可作为交通分析的重要支撑。本文对人口岗位分布数据、机动车交通运行数据、网络舆情数据（8890 热线、政民零距离、大众点评等文字数据）、互联网地图 POI 数据、区域出行分布数据（百度慧眼）、交通安全事故、无人机影像等数据特点及在交通问题识别中的具体功能进行总结，通过实例介绍各类相关数据在天津经开区生活区交通微更新研究工作中的应用情况，结合多元数据的分析提出交通微更新提质增效的具体策略。

【关键词】多元数据；交通微更新；策略研究

【作者简介】

张雅婷，女，硕士，天津市城市规划设计研究总院有限公司，高级工程师。电子邮箱：515022619@qq.com

基于手机信令数据的人口流动特征分析及交通规划建议

——以重庆市为例

邹延权　赵必成　唐小勇　张文松

【摘要】本文首先基于重庆市累积五年以上的手机信令数据，分析重庆市域人口流动特征，依据用户在流入地的居住时长，将重庆市人口流动分为三种类型：居住地迁移、季节性流动和旅游活动；然后，以市域人口流动特征为基础，结合当前重庆市国土空间近期规划和综合交通体系规划编制等工作，为重庆市交通规划提出建议。研究表明，近五年重庆市中心城区人口居住地向内环以外迁移趋势明显；渝东北、渝东南“两群”区县人口季节性流动大，非区县城“平常月”人口外出比超过 20%；部分高山旅游资源优质的度假区在暑期及节假日服务人口大幅增加。基于此，提出顺应人口流动趋势的交通规划思路，即通过优化主城都市区轨道交通网络和提升区县多层次交通服务满足人口流动产生的新需求。

【关键词】手机信令数据；人口流动特征；近期规划；交通规划

【作者简介】

邹延权，男，硕士，重庆市交通规划研究院，工程师。电子邮箱：375958127@qq.com

赵必成，男，硕士，重庆市交通规划研究院，交通信息中心副主任，正高级工程师。电子邮箱：bicheng.zhao@qq.com

唐小勇，男，博士，重庆市交通规划研究院，副总工程师，正高级工程师。电子邮箱：71780735@qq.com

张文松，男，博士，河北地质大学城市地质与工程学院，讲师。电子邮箱：zhangwensong2023@163.com

基金项目：河北省教育厅青年拔尖项目“基于动态时空特性和深度学习的不良天气道路交通流预测”（BJK2024090）

基于多源数据分析的慢行跨河通道布局方法探索

张　骥　李井波

【摘要】本文以网络数据和传统调查等多源数据为基础，对天津市河东区滨水区进行区域特征分析，总结现状慢行跨河通道问题，提出精准服务需求、注重空间链接、兼顾复合功能等总体策略，借鉴国内外发展经验，从满足跨河交通需求、确定合理的通道密度、明确通道预期功能及多样性等方面，提出了海河慢行跨河通道布局的完善建议以及新增通道方案。

【关键词】多源数据；滨水区；慢行交通；跨河通道布局

【作者简介】

张骥，男，学士，天津市城市规划设计研究总院有限公司，高级工程师。电子邮箱：519821761@qq.com

李井波，男，硕士，天津市城市规划设计研究总院有限公司，高级工程师。电子邮箱：tianjinjiaotong_li@163.com

基于数据驱动的交通违法行为特性分析及建模预测

张 颖

【摘要】随着城镇化进程的加速和车辆数量的急剧增加，交通违法行为日益成为影响社会治安和交通安全的重要问题。本文收集了包括违法时间、驾驶员信息、违法类型等在内的多维度数据，通过深入分析交通违法行为特性，揭示了不同人群在交通违法中的差异；进而构建了基于随机森林的预测模型，以判断违法驾驶员是否会被逮捕，为执法机关提供科学决策支持。研究表明，不同年龄、不同性别的驾驶员在违法行为特性上存在显著差异，男性驾驶员交通违法占比更高，且大多数违法行为集中在年龄为 20～30 岁的人群，研究构建的交通违法行为预测模型能够准确预测违法驾驶员是否会被逮捕，模型的准确率、召回率和 F1 分数分别为 0.84、0.78、0.81。研究可充分挖掘理解不同特征在违法行为中的作用，为交通管理和规划提供科学依据。

【关键词】交通违法；数据驱动；随机森林；特性分析；执法决策

【作者简介】

张颖，女，硕士，重庆市交通规划研究院，工程师。电子邮箱：zhangleahleah@163.com

基于众包数据的城市高频拥堵点识别

——以广州市为例

陈嘉超

【摘要】城市交通拥堵对整体网络效率造成了严重制约。通过检测城市交通拥堵点，可以有效地识别网络瓶颈，进而解决交通拥堵问题。本文提出了一种新的方法，用于识别城市交通高频拥堵点。该方法利用众包数据，通过聚类分析来发现长期且具有规律性的交通拥堵点，并识别其拥堵原因。研究基于改进的DBSCAN（Density-Based Spatial Clustering of Applications with Noise）算法，以广州市为例，应用了这种拥堵点识别方法。结果表明，该方法能够快速、高效、准确地识别城市道路上的拥堵路段，并确定其拥堵时空范围和拥堵起因，为交通管理、交通拥堵机理分析以及交通拥堵治理提供了重要参考。

【关键词】交通拥堵；拥堵点识别；众包数据；聚类分析；DBSCAN 算法

【作者简介】

陈嘉超，男，学士，广州市交通规划研究院有限公司，交通规划三所（信息模型所）道路咨询分析部部长，高级工程师。电子邮箱：26339208@qq.com

基于手机数据的高速铁路乘客出行特征研究

于春青　郭玉彬　万　涛　崔　扬

【摘要】为高效且经济地获取跨城铁路交通运行状况及通勤乘客的出行特征，本文提出基于本市域手机信令获取跨城铁路分时段客流及不同类型通勤乘客出行特征的方法。通过对铁路跨城路段沿线基站的用户旅行速度进行筛选，并利用实际统计客流校核，开发出一套跨城手机信令数据的筛选及扩样方法，可以实现对跨城断面客流的动态监测；同时结合乘客画像方法，实现对通勤客流及其出行时空特征的监测。对京津城际的实践研究结果证明该方法能够有效地分析跨城铁路客流及通勤出行特征，为城市交通规划提供了有力的数据支持和科学依据。

【关键词】铁路交通；通勤乘客；手机信令；乘客画像

【作者简介】

于春青，男，硕士，天津市城市规划设计研究总院有限公司，高级工程师。电子邮箱：12780698@qq.com

郭玉彬，男，硕士，天津市城市规划设计研究总院有限公司，工程师。电子邮箱：994646271@qq.com

万涛，男，硕士，天津市城市规划设计研究总院有限公司，高级工程师。电子邮箱：wantao428@163.com

崔扬，男，硕士，天津市城市规划设计研究总院有限公司，正高级工程师。电子邮箱：sakaicy@163.com

基于手机数据的地铁腹地和竞合优势研究

李彩霞　陈嘉超　何鸿杰

【摘要】轨道交通是城市交通的重要组成部分，传统轨道交通研究主要是基于地铁刷卡数据或闸机数据，完成轨道交通站点之间的出行量和客流强度分析。而对于轨道交通集散客流的来源地和交通衔接方式，则主要借助于问卷调查，完成对轨道交通客流腹地和时空特征分析，缺乏一种低成本、高效的站点客流集散和完整出行链溯源分析手段。因此，本文提出了基于手机定位数据的地铁优势腹地分析方法，通过低成本、广覆盖、高采样率的手机定位数据，进行不同区位站点分类的地铁站点优势服务范围和地铁客流腹地分析，并结合站点周边土地利用和人口覆盖，实现地铁站点集散客流的溯源分析和数据校核，以生成地铁客流的完整出行链，从而为交通规划和地铁设计管理者进行轨道竞合优势分析和轨道站点综合评价分析提供技术支撑。

【关键词】手机数据；客流溯源；出行链；优势腹地分析

【作者简介】

李彩霞，女，博士，广州市交通规划研究院有限公司，高级工程师。电子邮箱：314635769@qq.com

陈嘉超，男，学士，广州市交通规划研究院有限公司，交通规划三所（信息模型所）道路咨询分析部部长，高级工程师。电子邮箱：26339208@qq.com

何鸿杰，男，硕士，广州市交通规划研究院有限公司。电子邮箱：38528244@qq.com

大数据赋能交通模型的关键技术及应用

——广州经验与思考

张　科　马小毅　陈先龙

【摘要】 随着近年来大数据在交通模型中的应用越来越广泛和深入，对大数据如何更好地融合交通模型、支撑模型求新求变提出了新的要求，因此，要充分发挥大数据对交通模型的赋能作用，需要相应地研发一批关键技术。广州是我国最早建立交通模型的城市之一，在三十余年的交通模型发展中积累了丰富的经验，近年来也充分开展了融合了大数据与交通模型的实践。本文在简要介绍广州市交通模型发展历程的基础上，首先梳理了广州市研发的一系列大数据赋能交通模型的关键技术，包括数据处理技术、系统完善技术、前沿探索技术3类，并介绍了部分融合大数据的交通模型的创新应用，最后总结了广州市的实践经验，为国内城市充分利用大数据优化交通模型提供借鉴参考。

【关键词】 大数据；交通模型；城市交通；交通规划；交通治理

【作者简介】

张科，男，硕士，广州市交通规划研究院有限公司，高级工程师。电子邮箱：865831890@qq.com

马小毅，男，硕士，广州市交通规划研究院有限公司，副总经理，正高级工程师。电子邮箱：pow2006@163.com

陈先龙，男，博士，广州市交通规划研究院有限公司，科技创新中心主任，正高级工程师。电子邮箱：314059@qq.com

基于南京市 POI 数据的路侧充电桩选址布局研究

华文浩

【摘要】路侧充电设施的选址作为项目建设初期的重要环节，对建成后的使用周转率、经济效益、居民满意度等均会产生重要影响。本文运用城市规划学以及交通规划学中核密度分析与空间句法，以南京市主城六区为研究对象，基于城市 POI 数据与道路空间整合度分析，筛选出主城六区范围内路侧充电桩布局的重点区域，并针对区域内的重点道路进行空间句法研究，具体落实基于与路侧充电桩强关联兴趣点的充电桩布局，指导、推广具有示范意义的路侧公共充电桩建设实施工作。

【关键词】POI 数据；核密度分析；空间句法；路侧充电桩；选址布局

【作者简介】

华文浩，男，硕士，南京市城市照明建设运营集团有限公司，工程师。电子邮箱：huawenhao2014@outlook.com

基于定位数据的旅游度假区游客活动特征分析

郑姝婕　傅　淳　卢成龙

【摘要】近年来，国内经济的快速发展使居民的生活条件逐渐改善，我国居民人均可支配收入持续增多，居民消费能力和消费水平同步提高，人们精神层面的需求加速释放，旅游需求迅速增多。旺盛的旅游需要配套旅游交通服务的改善和提升，而游客时空活动规律研究是旅游交通服务规划和改善的基础。目前对于旅游度假区的精细化的游客活动特征分析还较为匮乏，本文使用一种带有场景标签的手机定位数据研究旅客游览特征，通过数据预处理、小区划分、人群分类与扩样、内部活动链提取、游客活动特征分析等步骤，以上海国际旅游度假区为研究案例，分析了游客的总体时空分布特征和在度假区内部的活动特征，为度假区交通服务和设施服务改善提供了数据支撑。

【关键词】旅游交通；手机定位数据；游客；活动特征；上海国际旅游度假区

【作者简介】

郑姝婕，女，硕士，上海市城市建设设计研究总院（集团）有限公司，助理工程师。电子邮箱：zhengshujie@sucdri.com

傅淳，男，硕士，上海市城市建设设计研究总院（集团）有限公司，高级工程师。电子邮箱：fuchun@sucdri.com

卢成龙，男，学士，上海市城市建设设计研究总院（集团）有限公司，助理工程师。电子邮箱：luchenglong@sucdri.com

基于手机信令数据的国家级高新区通勤特征及改善策略研究

——以武汉中国光谷为例

程 琦 汪 攀 龚星星 赵海娟

【摘要】通勤问题已成为制约城市发展、降低居民幸福感、影响城市宜居性的关键因素，通勤指标连续三年作为城市体检考察各个城市交通运行效率的重要指标。本文基于近几年的某移动通信运营商手机信令数据，识别武汉东湖高新区居住地和就业地分布，分析通勤指标特征及变化趋势。结果表明，东湖高新区通勤时间、通勤空间相关指标整体表现较差，但呈现向好的变化趋势。最后从产城融合、交通出行方式结构、基础设施建设等方面剖析通勤指标较差的原因，并提出改善建议。研究结论可为东湖高新区规划建设提供一定的理论依据，同时也可为其他高新区发展建设提供借鉴。

【关键词】东湖高新区；通勤特征；职住分布；手机信令数据

【作者简介】

程琦，男，硕士，武汉设计咨询集团有限公司，工程师。电子邮箱：417789276@qq.com

汪攀，男，硕士，武汉设计咨询集团有限公司，工程师。电子邮箱：137473809@qq.com

龚星星，男，硕士，武汉设计咨询集团有限公司，高级工程师。电子邮箱：532659578@qq.com

赵海娟，女，硕士，武汉设计咨询集团有限公司，高级工程师。电子邮箱：helenzhao0922@qq.com

交通量化分析中的大数据与调查数据优势对比

马毅林　陈先龙　宋素娟

【摘要】交通量化分析与数据获取、分析方法、架构设计、计算能力和应用目标等多方面因素相互关联。相较于其他因素，数据主要通过交通调查的手段获取，包括居民出行行为、车辆出行特征、交通运行特征，即人、车、路等方面的数据。因数据量有限，数据连续性无法保障且获取成本高。近十年来，以LBS、AFC 刷卡等为代表的大数据在各行各业中发挥越来越大的作用，通过深度学习等方法可提取更多的信息、支撑各种决策。交通行业也越来越依靠此类数据分析交通运行特征，预判交通运行态势。同时受抽样偏差、调查误差等因素的影响，利用传统出行调查数据准确表征城市总体指标一直是一个难点，甚至产生了对调查抽样方法、扩样方法和调查结果的质疑，认为调查费时费力，数据可靠性存疑，应该被大数据分析取代。本文从交通模型分析的四阶段过程出发，从统计角度验证传统抽样调查在出行率、出行结构等一维指标层面的可行性和必要性，以模拟仿真的方法对比传统调查出行分布方法的缺陷以及大数据在稳态出行分布分析方面的优势。通过对比模型分析过程中大数据和传统数据的优势，提出现有交通分析需要借助大数据提升模型的精细度和运行效率，同时大数据需要借助传统模型思维发展研究新的分析方法，实现两者的互相促进和发展。

【关键词】交通量化分析；大数据；出行调查；出行量；出行分布；出行结构

【作者简介】

马毅林，男，硕士，北京交通发展研究院，高级工程师。电子邮箱：mayilin191@163.com

陈先龙，男，博士，广州市交通规划研究院有限公司，教授级高级工程师。电子邮箱：314059@qq.com

宋素娟，女，硕士，北京交通发展研究院，高级工程师。电子邮箱：sujuansong@163.com

智能网联汽车开放测试道路城市服务潜能评估研究
——以武汉市为例

罗天玥　余金林　张子培　严　飞　李　锐　刘振华

【摘要】当前，智能网联汽车发展趋势迅猛，开放测试道路在推动智能网联汽车技术的发展和应用方面具有重要作用。为确保开放测试道路充分发挥其效能，推动智能网联示范应用的成功落地，构建一套智能网联汽车开放测试道路城市服务潜能评估评价体系十分必要。本文从智能网联汽车的典型应用出发，结合城市服务的核心需求，基于多源大数据，围绕服务触达范围、公共服务设施触达潜能、交通服务设施提升潜能和物流运输服务潜能四个方面建立服务潜能评估指标体系，并进一步明确微观指标。基于此框架，以武汉市为例，采用行政区划作为基本评价单元进行量化评估。评估结果得出，武汉市各区域根据开放测试道路规模与自身发展特点的不同，展现出差异化的应用潜力，并依据量化评估结果，结合区域发展特点，提出武汉市智能网联汽车规模化应用建议。

【关键词】智能网联汽车；开放测试道路；城市服务潜能；量化评估；武汉市

【作者简介】

罗天玥，女，硕士，武汉市规划研究院（武汉市交通发展战略研究院），助理工程师。电子邮箱：luotianyue@wpdi.cn

余金林，男，硕士，武汉市规划研究院（武汉市交通发展战

略研究院），工程师。电子邮箱：921458062@qq.com

张子培，男，硕士，武汉市规划研究院（武汉市交通发展战略研究院），主任工程师，高级工程师。电子邮箱：zxiaocmlll@163.com

严飞，男，硕士，武汉市规划研究院（武汉市交通发展战略研究院），交通仿真中心主任，高级工程师。电子邮箱：niceyf@qq.com

李锐，男，学士，武汉市规划研究院（武汉市交通发展战略研究院），工程师。电子邮箱：coolgeo@163.com

刘振华，男，硕士，武汉市规划研究院（武汉市交通发展战略研究院），工程师。电子邮箱：416251221@qq.com

基于共享单车大数据的轨道枢纽接驳特征研究

陈　曦　郑明伟　蔡逸峰

【摘要】本文基于上海新城（嘉定、青浦、松江、奉贤、南汇）共享单车借还大数据，提出基于 GIS 平台的共享单车接驳轨道交通出行行为的识别方法，分析了上海新城不同轨道交通枢纽共享单车接驳的小时出行量、骑行时长、骑行距离、骑行路径的特征。主要结论有：①一般工作日接驳量大，工作日会形成 2 个高峰，早高峰时段多分布在 7：00～8：00，晚高峰时段多分布在 17：00～18：00，进站高峰通常早于出站高峰，非工作日高峰特征与周边用地相关，高峰时段接驳量约为工作日的 25%～70%；②非工作日（端头站）骑行时长和距离一般大于工作日（一般站），多数骑行时长在 20min 内，骑行距离在 2km 内，路网密度越高，骑行速度越大；③可确定不同枢纽的接驳重点保障范围，识别主要路径。最后从空间保障、精细管理、网络设施方面提出面向实施的骑行接驳精细化管理提升策略，可对骑行效率和品质提升提供一定指导。

【关键词】交通时空大数据；新城；轨道交通枢纽；共享单车；接驳特征

【作者简介】

陈曦，女，硕士，同济大学建筑设计研究院（集团）有限公司，助理工程师。电子邮箱：787969632@qq.com

郑明伟，男，硕士，同济大学建筑设计研究院（集团）有限

公司，高级工程师。电子邮箱：309055695@qq.com

蔡逸峰，男，硕士，同济大学建筑设计研究院（集团）有限公司，教授级高级工程师。电子邮箱：13501634613@139.com

天津市公共交通协同优化平台建设与应用

万　涛　高煦明　马　山

【摘要】构建城市公共交通协同优化平台是支撑新时期城市公共交通高质量发展工作的重要手段。本文以天津市为例，基于城市公共交通数字化规划平台发展存在的问题与调整，提出融合多源数据并与交通模型技术充分整合的城市公共交通协同优化平台的框架与系统结构，介绍平台构建过程中包含的交通网络构建、融合多源数据的公共交通出行链信息提取、公共交通全过程OD推算、公共交通与交通模型互动反馈等关键技术，并展示平台在城市交通政策、运营线路客流预测、常规公交线路优化、慢行接驳设施优化等方面的应用，应用结果表明公共交通优化平台在实践中具有显著效果。

【关键词】公共交通协同优化平台；多元数据融合；公共交通出行链；交通模型

【作者简介】

万涛，男，硕士，天津市城市规划设计研究总院有限公司，高级工程师。电子邮箱：wantao428@163.com

高煦明，男，硕士，河北省交通规划设计研究院，高级工程师。电子邮箱：gogh@163.com

马山，男，硕士，天津市城市规划设计研究总院有限公司，高级工程师。电子邮箱：mashan@126.com

基于语义嵌入技术的城市空间结构与出行行为关系的量化分析研究

姚　尧　蒋应红

【摘要】随着城镇化的不断加速，深入理解城市空间结构与居民出行行为的相互关系，对乡市规划和交通管理具有重要的理论和实际意义。本文采用手机信令数据，结合先进的语义嵌入技术，提出了一种新颖的出行轨迹分析方法——RTraj2vec。该方法通过向量化的方式表达出行轨迹，不仅有效地降低了计算复杂性，而且显著提升了数据表达的语义丰富性。通过对上海市的实证研究，揭示了不同城市区域之间的功能性联系及其对居民出行行为的影响，验证了 RTraj2vec 方法的可行性。研究结果为城市交通政策的制定提供了科学依据，对于优化交通流量分配、改善城市交通环境具有指导意义。

【关键词】出行轨迹；语义嵌入；词向量；轨迹向量

【作者简介】

姚尧，男，博士，上海市城市建设设计研究总院（集团）有限公司，博士后，工程师。电子邮箱：yaoyao174@126.com

蒋应红，女，学士，上海市城市建设设计研究总院（集团）有限公司，董事长，党委书记，教授级高级工程师。电子邮箱：954711746@qq.com

基金项目：国家重点研发计划“人因工程公建设计方法研究与示范”（2022YFC3801505），2023 上海市“超级博士后”资助课题“轨迹数据驱动的交通需求智能预测新范式关键技术研究”（2023045）

城市交通大数据智能计算平台（TransPaaS）应用实践

丘建栋　庄立坚　罗钧韶　李佳璇

【摘要】鉴于城市交通系统“烟囱式”建设导致的互通性差、复用困难及效率与成本难以兼顾等痛点，本文依托大数据技术，针对交通运行多领域的综合业务需求，成功研发了TransPaaS平台——一个集数据服务、算法服务和交通应用服务于一体的城市交通大数据智能计算平台。该平台具备高度的弹性、可拓展性和便捷的部署能力，旨在打破数据孤岛，实现底层数据的互联互通与共享，并推动算法的持续沉淀与高效复用。研究深入剖析TransPaaS平台的架构设计、核心组件及其应用实践，以期为城市交通治理提供数据驱动的智能决策支持，助力城市交通系统的智能化、高效化升级。

【关键词】城市交通治理；大数据计算平台；交通大数据中台；交通算法中台

【作者简介】

丘建栋，男，博士，深圳市城市交通规划设计研究中心股份有限公司，教授级高级工程师。电子邮箱：qjd@sutpc.com

庄立坚，男，硕士，深圳市城市交通规划设计研究中心股份有限公司，高级工程师。电子邮箱：zhuanglj@sutpc.com

罗钧韶，男，硕士，深圳市城市交通规划设计研究中心股份有限公司，高级工程师。电子邮箱：luojunshao@sutpc.com

李佳璇，女，学士，深圳市城市交通规划设计研究中心股份有限公司，助理工程师。电子邮箱：lijiaxuan@sutpc.com

基于时空数据的重庆都市圈发展水平比较研究

陈易林　金　伟　刘　立　彭诗棋

【摘要】都市圈建设是落实城市群高质量发展、推动区域协调发展和城乡融合等国家战略部署的重要抓手。本文利用手机信令数据、公铁水空（公路、铁路、水运、航空）等交通方式出行数据、社会经济统计数据等，对标规划目标，从本底条件、人口经济、开放水平、交通网络、公共服务、出行联系等方面开展重庆都市圈发展水平分析，并与上海大都市圈、广深都市圈进行比较，判断重庆都市圈发展阶段、网络化程度、优势和短板，并提出对策建议。研究发现重庆内陆开放高地作用发挥明显，西部陆海新通道、渝新欧等对外通道发展势头良好，但都市圈处于成长初期，现状及未来人口增长动力不足，空间发展形态和组织模式仍处于网络化初级阶段，中心城区溢出效应和对外围节点城市带动不足，建议从优化跨区县协调机制、提升核心城市能级、打造轨道上都市圈、推进公共服务设施均等化和交通一体化等方面推动重庆都市圈高质量发展。

【关键词】重庆都市圈；上海大都市圈；广深都市圈；网络化城市群

【作者简介】

陈易林，女，硕士，重庆市交通规划研究院，中级工程师。电子邮箱：729561434@qq.com

金伟，男，博士，重庆市交通规划研究院，院长、党委书记，正高级工程师。电子邮箱：25418884@qq.com

刘立，男，学士，重庆市交通规划研究院，高级工程师。电子邮箱：164870737@qq.com

彭诗棋，女，硕士，重庆市交通规划研究院。电子邮箱：1404729367@qq.com

城市低客流出行区域公交智慧化服务运营模式探索研究

罗 俊 石意如 吴 乐 安 婷

【摘要】本文在后疫情时代我国城市地面公交应对客流下降纷纷采取压降成本的大背景下，分析城市低密度开发区域的客流出行需求特征及现实发展过程中存在的问题，为更好地满足该类型区域乘客需求、提高服务质量和效率，结合新技术、新装备的成熟和运用，通过创新公交运营服务模式，提出了适应该类型区域的智慧微巴公交运营模式。

【关键词】公共交通；低客流出行区域；运营模式；智慧微巴

【作者简介】

罗俊，男，硕士，深圳市都市交通规划设计研究院有限公司，高级工程师。电子邮箱：13632599783@139.com

石意如，女，硕士，深圳市都市交通规划设计研究院有限公司，助理工程师。电子邮箱：superyilu@163.com

吴乐，男，学士，深圳市都市交通规划设计研究院有限公司，高级工程师。电子邮箱：649505146@qq.com

安婷，女，硕士，深圳市都市交通规划设计研究院有限公司，工程师。电子邮箱：2583472803@qq.com

数智赋能下的上海市居民出行结构演变特征分析

汤月华　王　媛　沈云樟　乐　意

【摘要】城市居民出行方式选择的演变过程，社会经济的发展、城镇化的进程、机动化水平的提高、交通设施与服务的供给水平以及非常态突发事件等因素对居民出行模式产生了显著的影响。本文基于个体出行行为多源数据融合的交通结构校核技术，结合上海市近三轮综合交通大调查数据，回顾了产业和基本建设快速发展阶段、深化改革和扩大开发阶段、高质量发展阶段上海市常住居民出行方式选择的演变历程。特别聚焦于当前绿色化、低碳化的高质量发展阶段，在坚持绿色交通主导、数智赋能的背景下交通出行方式结构所展现的新趋势和新特征。在此基础上，进一步对主要出行方式的未来发展趋势进行了深入的思考和展望，提出以提质增效为着力点，加快构建安全、便捷、高效、绿色、经济、包容、韧性的可持续交通体系。

【关键词】多元数据；出行方式结构；数智赋能；出行特征演变

【作者简介】

汤月华，女，硕士，上海市城乡建设和交通发展研究院，高级工程师。电子邮箱：254876854@qq.com

王媛，女，博士，上海市城乡建设和交通发展研究院，高级工程师。电子邮箱：sophiawy2003@qq.com

沈云樟，男，学士，上海市城乡建设和交通发展研究院，高

级工程师。电子邮箱：cloudy_shen@163.com

乐意，女，硕士，上海市城乡建设和交通发展研究院，工程师。电子邮箱：657373946@qq.com

交通规划数字化的沿革、治理与宁波实践

洪　锋　洪智勇　陈志杰　项　玮

【摘要】本文在回顾国内外交通规划数字化发展脉络的基础上指出，我国交通规划数字化发展受美国交通模型理论的影响，并逐步形成了具有本土特色的发展模式。并依据技术—社会范式分析框架指出，在高质量发展背景下，数字化转型的技术化特征正在被逐渐弱化，而居民的需求和福祉则被逐渐强化，因此最大化多利益群体共识的分析方法有可能成为最佳实践工具。进一步，为了有效实现和管理数字化转型过程，本文基于需求导向，从治理框架的选择、模型支撑体系的构建和实施机制的制定三个层面阐述了数字化转型治理的模式和特点，为不同情景的应用提供了借鉴。最后，宁波的实践经验表明，数字化平台的发展和实施机制的制定应当聚焦平台价值的创造。

【关键词】交通规划；数字化；沿革；治理

【作者简介】

洪锋，男，硕士，宁波市规划设计研究院，交通研究所所长，高级工程师。电子邮箱：21061868@qq.com

洪智勇，男，硕士，宁波市规划设计研究院，工程师。电子邮箱：hongzhiyong898@163.com

陈志杰，男，博士，宁波市规划设计研究院，高级工程师。电子邮箱：chenzhijie@qq.com

项玮，女，硕士，宁波市规划设计研究院，交通研究所副所长，高级工程师。电子邮箱：xiangwei@qq.com

07 “双碳”目标与实施

交通领域“双碳”减排路径的思考

——以上海临港新片区为例

程润磊

【摘要】本文以上海临港新片区交通领域碳排放现状测算作为切入点，结合区域内面临的“双碳”工作形势和要求，通过设定减排驱动因素，制定工作方向，并结合场景设定对达峰时间预测，为制定行动方案和任务提供基础支撑。

【关键词】碳达峰；碳中和；低碳交通；绿色交通

【作者简介】

程润磊，男，硕士，上海市交通发展研究中心，物流与港口航运研究所所长，高级工程师。电子邮箱：chengrunlei@163.com

“双碳”目标下武汉都市圈交通规划策略研究

朱芳芳　何　寰　王新慧

【摘要】为贯彻落实新发展理念，助力实现“双碳”发展目标，在当前以都市圈、城市群为主体，推动区域协调，实现城市高质量发展的新形势、新要求下，本文以计算都市圈客运交通碳排放量为抓手，提出了一系列低碳交通规划策略。首先分析了都市圈客运交通碳排放计算基本方法，结合不同交通方式能源消耗的碳排放因子，计算在多情景交通发展战略下，武汉都市圈各类交通方式客运交通碳排放量，最后提出优化交通结构、提高路网直达性、缩短出行链、推广新能源车应用等一系列低碳交通规划策略。

【关键词】“双碳”目标；碳排放计算；都市圈交通规划；低碳交通规划

【作者简介】

朱芳芳，女，硕士，武汉市规划研究院（武汉市交通发展战略研究院），高级工程师。电子邮箱：345458146@qq.com

何寰，男，硕士，武汉市规划研究院（武汉市交通发展战略研究院），高级工程师。电子邮箱：3214124@qq.com

王新慧，女，硕士，武汉市规划研究院（武汉市交通发展战略研究院），高级工程师。电子邮箱：1127486686@qq.com

天津市公路碳排放情景分析及减排策略研究

赵家发 高佳宁

【摘要】 在“双碳”目标背景下，公路运输节能减排是交通运输领域的重要任务之一。本文利用“自下而上”的行驶里程法，基于车辆保有量、行驶里程、燃油消耗等大量基础数据，建立天津市公路碳排放分析模型。利用情景分析法对天津市公路碳排放特征进行分析预测，结果表明在交通运输结构优化、交通工具节能低碳发展、新能源汽车推广等情景下，公路运输碳排放可以实现有效降低，同时根据分析结果提出了相应措施建议。研究为公路减排提供了理论依据和对策思路。

【关键词】 公路运输；碳排放模型；情景分析；减排策略

【作者简介】

赵家发，男，硕士，天津市政工程设计研究总院有限公司，工程师。电子邮箱：2416668193@qq.com

高佳宁，女，硕士，中国市政工程华北设计研究总院有限公司，工程师。电子邮箱：403064255@qq.com

都市圈居民出行特征及交通减碳关键因素研究

袁瑜彤

【摘要】本文以西安—咸阳都市圈为典型案例，研究了中国内陆型都市圈地区居民出行方式及碳排放的空间差异和影响因素，针对都市圈内城市市域内与跨市区的不同情景下，分别构建碳排放 OLS 回归模型及出行方式选择 Binary Logistic 模型。研究发现，居民职住地用地功能和区位上的差异对于居民出行碳排放量及出行方式均呈现显著影响，西安工作地为行政功能时对于居民出行碳排放影响显著，咸阳居民居住地为产业功能及科教功能时对居民出行碳排放影响显著；西安—咸阳都市圈内，西安职住地用地功能差异对出行碳排放量及出行方式选择的影响程度大于咸阳市，且西安在工作地更为显著，而咸阳在居住地更为显著，最后，研究发现缩短居民居住地与地铁站之间的距离对于减少出行碳排放量效果更好。

【关键词】建成环境；交通减碳；居民出行；都市圈

【作者简介】

袁瑜彤，女，硕士研究生，中国西北大学。电子邮箱：794016076@qq.com

长沙市公共交通高质量发展路径探讨

文　军

【摘要】本文分析了长沙城市交通和公共交通现状情况，从新时代人民美好出行需求和支撑城市高质量发展角度，深入剖析了长沙公共交通系统存在的问题与短板，整理了国内外优秀城市的发展经验，基于长沙自身实际情况，提出长沙市公共交通高质量发展路径，为长沙及同类城市公共交通系统建设提供参考。

【关键词】公共交通；高质量；长沙；大城市

【作者简介】

文军，男，硕士，长沙市规划勘测设计研究院，公共交通所副所长，高级工程师。电子邮箱：282165285@qq.com

基于有序逻辑回归的京津冀居民低碳通勤行为的研究

张宇阳　张　欢　邹　哲

【摘要】本文通过构建有序逻辑回归模型来探究对京津冀城市居民的低碳通勤行为的影响因素。首先，用因子分析和聚类分析的方法归纳居民的交通困扰情况及居住地交通可达性；其次，采用卡方检验和聚类分析，判断各因素与低碳通勤行为的相关性，最终建立模型。结果表明，交通可达性、交通困扰情况、通勤距离、年龄和月收入影响居民的低碳通勤行为。通过增加停车位数量、减少车道混行情况、清晰标记交通标线、减少非机动车道占用情况以及减少违章停车等措施，可以有效促进低碳通勤行为。通勤距离控制在 5km 以内、居民收入提高到 5000 元以上和对年龄在 35～46 岁的居民进行低碳通勤的重点科普教育，可以有效减少通勤造成的碳排放。

【关键词】居民低碳通勤；定量研究；因子分析；卡方检验；残差分析

【作者简介】

张宇阳，女，博士，天津大学，高级工程师。电子邮箱：zhhuan@tju.edu.cn

张欢，女，博士，天津大学，教授。电子邮箱：zhghuan@tju.edu.cn

邹哲，男，硕士，天津市城市规划设计研究总院有限公司，教授级高级工程师。电子邮箱：yyzhang1989@qq.com

基金项目：高分专项政府综合治理应用与规模化产业化示范项目（66-Y50G03-9001-22/23），2024 年天津市社科界“十百千”主题调研活动入围项目“社区电动自行车管理及安全隐患治理研究”

“双碳”目标下杭州城市物流绿色转型路径初探

高　奖　刘益昶

【摘要】交通运输是碳排放的重要领域之一，而货运交通在交通领域的碳排放量占了较大比重。杭州作为国家首批碳达峰试点城市、生态文明之都，在公路运输比例大幅超过全省、全国平均水平的背景下，推动城市物流发展向绿色转型已势在必行。本文从对外干线运输和城市内部配送两大货运流程着眼，研究提出推动“公转水”与“公转铁”改善对外运输结构、提高船舶与车辆尾气排放控制标准促进载运工具清洁化、优化对外物流通道及枢纽的布局等策略，促进城市对外货运的绿色转型，而城市内部配送领域则提出了创新配送组织模式、推动城市配送车辆清洁化、强化货车通行分区管理等措施，同时探讨了无人驾驶配送、管道物流、水上物流等新技术、新模式的可能性。

【关键词】城市物流；绿色物流；转型路径

【作者简介】

高奖，男，硕士，杭州市规划设计研究院，交通一室副主任，高级工程师。电子邮箱：30335618@qq.com

刘益昶，男，硕士，杭州市规划设计研究院，工程师。电子邮箱：396857820@qq.com

武汉市机动车低排放区政策研究

张雪丹　吴宁宁　高文灿　杜建坤

【摘要】随着城市的快速发展，机动车保有量持续快速增长，机动化出行总量不断提高。由此而引发的城市交通拥堵、停车难、尾气污染严重等问题不断突显。为应对全球气候危机，在“双碳”目标发展战略指导下，对武汉市机动车低排区政策进行分析研究，深入解析伦敦、巴黎等国际城市低排放区发展经验，结合武汉城市建设与机动化发展特征，重点从低排放区的区域选择、管控车辆类型与规模、管控模式以及配套政策等方面提出低排放区和超低排放区设置方案，努力降低交通污染物排放，助力交通领域率先实现低碳化发展目标。

【关键词】低排放区；低碳交通；排放管理

【作者简介】

张雪丹，女，硕士，武汉市规划研究院（武汉市交通发展战略研究院），高级工程师。电子邮箱：297324295@qq.com

吴宁宁，女，硕士，武汉市规划研究院（武汉市交通发展战略研究院），高级工程师。电子邮箱：412793912@qq.com

高文灿，女，硕士，武汉市规划研究院（武汉市交通发展战略研究院），工程师。电子邮箱：863588942@qq.com

杜建坤，女，硕士，武汉市规划研究院（武汉市交通发展战略研究院），工程师。电子邮箱：772588733@qq.com

基金项目：武汉市交通强国建设试点科技联合项目“武汉都市圈1小时通勤圈发展研究”（2023-2-3）

低碳出行视角下的沈阳市共享单车发展对策研究

夏　雪　巴天星　陈相茹

【摘要】随着绿色交通、低碳出行和共享经济理念的普及，共享单车因其灵活便捷、经济环保的优点深受短途出行用户的青睐。沈阳市自 2021 年起，经第一轮 3 年的规范管理，共享单车运营取得良好成效。为更好地服务下一轮工作，本文分别从运营服务、车辆性能、停放点位、智慧监管、慢行设施五大方面剖析了现状存在的问题，并有针对性地提出了建立区域车辆总量平衡制度、升级车辆技术性能、强化点位设置要求、精细化智慧管理模式、优化慢行出行空间五大发展对策，用以促进沈阳市共享单车的可持续发展。

【关键词】共享单车；改善对策；低碳出行

【作者简介】

夏雪，女，硕士，沈阳市规划设计研究院有限公司，工程师。电子邮箱：523638987@qq.com

巴天星，女，硕士，沈阳市规划设计研究院有限公司，高级工程师。电子邮箱：65948104@qq.com

陈相茹，女，硕士，沈阳市规划设计研究院有限公司，工程师。电子邮箱：2439579907@qq.com

低碳城市视角下的我国综合交通运输研究热点及趋势分析

何峻岭　韦凌翔　左　昊　刘明铭

【摘要】近年来，国家重视低碳发展，各领域均开展了基于低碳方向的研究，综合交通运输领域是减碳的重点领域。本文从低碳的视角出发，以中国知网数据库中2024年4月24日之前发表的164篇学术论文为数据样本，基于VOSviewer软件对该领域年度发文量、载文期刊分布、文献关键词、发文机构等进行可视化分析。研究结果表明：我国低碳城市视角下的综合交通运输研究文献数量呈现增长趋势，尤其是2023年呈爆发式增长；既有的研究内容主要集中在基于低碳的综合交通规划指标体系、规划方法、关键技术等方面。通过深入思考、分析、判断，本文提出未来低碳综合交通发展趋势和热点集中在低碳交通规划与政策、倡导低碳交通出行行为、新能源与清洁能源交通工具的推广使用、智能交通系统（ITS）与大数据技术的应用、多式联运系统的整合与发展五个方面，以期为相关研究提供思路和借鉴。

【关键词】综合交通运输；低碳城市；研究热点；趋势分析

【作者简介】

何峻岭，女，硕士，南京市规划设计研究院有限责任公司，正高级城乡规划师。电子邮箱：120307214@qq.com

韦凌翔，男，博士研究生，盐城工学院，讲师。电子邮箱：weilx@ycit.edu.cn

左昊，男，本科生，盐城工学院。电子邮箱：zuohao1016@

foxmail.com

刘明铭，男，本科生，盐城工学院。电子邮箱：3100119307@qq.com

绿色物流配送背景下的车辆路径优化方法应用

龙安洋

【摘要】随着“双碳”目标的提出，我国积极贯彻低碳发展模式，绿色物流已成为物流行业转型的重要助力，电动汽车凭借其节能、环保、绿色的优势被应用于物流配送任务中。本文考虑实际物流配送活动中电动汽车续驶里程短、充电慢等特点，构建单一配送中心、带软时间窗的电动汽车路径优化模型，以最小化运输成本和时间窗惩罚成本为目标，使用改进的遗传算法对模型进行求解，最大限度地保留迭代过程中的优秀路径信息。实际案例分析表明，相较于其他典型方法，本文改进的车辆路径优化方法能够更有效地降低物流配送环节的成本。

【关键词】绿色物流；路径优化；遗传算法；软时间窗

【作者简介】

龙安洋，男，硕士，广州市交通规划研究院有限公司。电子邮箱：15285258753@163.com

城市公共交通发展竞争力的转型之路

李林波　王砚轩

【摘要】城市公交分担率不断下降的趋势造成了城市公交发展的困境。本文基于对城市公交竞争力的深刻理解，明确定义了城市公共交通竞争力的概念，全面阐释交通需求与时空资源变化对公共交通的影响，从公共交通竞争力的相对性和动态性上深刻剖析城市公共交通发展面临的挑战和机遇，并提出了城市公共交通竞争力的两个转型方向：一是从规划理念层面提出了公交发展应实现从“被动适应”到“主动引导”的理念转型；二是从建设策略层面提出公交发展应实现从“工程导向”到“服务导向”的策略转型。通过服务整合各种资源，满足居民出行的多样化需求，化被动为主动，不断提升公交服务水平，促进城市公共交通的可持续健康发展。

【关键词】城市公共交通；竞争力；转型；出行服务

【作者简介】

李林波，男，博士，同济大学，副教授（博士生导师）。电子邮箱：softenli@163.com

王砚轩，男，本科生，同济大学。电子邮箱：2233379@tongji.edu.cn

基金项目：国家社会科学基金“长三角区域一体化背景下多模式交通融合动力机制研究”（20BGL291）

高原湖泊流域中小城市绿色交通网络与国土空间协调及融合发展路径研究

伍　鹏　农振华　高　境

【摘要】本文基于国土空间规划体系的新要求，探讨了新时期绿色交通网络的地位、作用和网络布局的新要求，提出绿色交通网络与国土空间融合发展路径：绿色交通体系与国土空间格局相适应；公共交通引导城市空间集约集聚发展；推进绿色交通全域网络化、多样化发展；推动以慢行交通为核心的城市更新行动；建立绿色交通规划实施监督管控机制。最后以大理市为例，将绿色交通网络与国土空间协调及融合发展路径应用到规划编制中，以期为同类城市相关规划的编制提供思路借鉴。

【关键词】高原湖泊流域；中小城市；绿色交通；协调及融合发展

【作者简介】

伍鹏，男，硕士，云南省设计院集团有限公司，工作室主任，高级工程师。电子邮箱：530428233@qq.com

农振华，男，学士，云南省设计院集团有限公司，工程师。电子邮箱：443863574@qq.com

高境，男，硕士，云南省设计院集团有限公司，规划设计研究院团支部书记，工程师。电子邮箱：741572693@qq.com

08 交通研究与评估

步行、骑行潜力判别方法研究

——以北京首都功能核心区为例

舒诗楠　陈冠男　张乐典

【摘要】 北京首都功能核心区提出了建设健步悦骑城区的目标。发展步行与自行车交通既是首都功能核心区创建国际一流的和谐宜居之都、首善之区的重要举措，也是落实新时代党中央新要求和人民群众新期待的重要途径。本文在分析首都功能核心区步行、骑行现状特征的基础上，面向现状潜力、诱增潜力两方面构建了步行、骑行潜力判别方法。以首都功能核心区为例，判别了潜力总量、各交通方式可转移潜力、街道潜力，并通过单位面积步行、骑行潜力的测算识别了首都功能核心区潜力街道，提出了步行、骑行潜力挖潜对策。

【关键词】 慢行交通；健步悦骑；潜力判别；街道；首都功能核心区

【作者简介】

舒诗楠，男，博士，北京市城市规划设计研究院，高级工程师。电子邮箱：shushinan@126.com

陈冠男，女，硕士，北京市城市规划设计研究院，高级工程师。电子邮箱：hellocgn@126.com

张乐典，男，硕士，青岛市城市规划设计研究院，高级工程师。电子邮箱：zhangledian@qq.com

城市要素流动的理论范式与空间分析平台

张健钦　程歆玥

【摘要】在深入实施新型城镇化过程中，城市各类要素的动态流动成为影响城市发展与运行效率的关键因素。针对城乡规划的发展新格局，本文提出了城市要素流动表征和计算的理论方法和技术框架，并搭建了城市要素流动大数据共享分析平台。该平台基于城市出行大数据，以特征要素的可视化形式展示城市的动态运行状态，并实现对城市人流、车流等多种流要素的实时监测与深度分析。通过平台和挖掘方法，城乡规划工作者、决策者及市民能够获得更深入的城市动态运行洞察，从而促进城市出行效率的提高与可持续发展。

【关键词】城市要素流动；交通规划；空间分析平台；城市大数据

【作者简介】

张健钦，男，博士，北京建筑大学，教授。电子邮箱：zhangjianqin@bucea.edu.cn

程歆玥，男，博士研究生，北京建筑大学。电子邮箱：971290516@qq.com

基金项目：国家自然科学基金“面向城市交通综合治理的多源交通流模式挖掘及智能模拟评价方法”（42371416）；北京建筑大学 2023 年度博士研究生科研能力提升项目“城市‘洼地’图谱可视化识别与人群动态网络分析研究”（DG2023017），“多源交通大数据驱动下高密度城市规划和空间形态研究”（DG2023018）

城市轨道交通投融资模式总结与思考

唐　炜　陈胜波

【摘要】为满足城市轨道交通建设和运营的巨量资金需求，需要探索合理的投融资模式。本文梳理了政府直接投资、BT 模式、BOT 模式、PPP 模式、政府专项债五种传统投融资模式，总结了其运作的基本原理、国内典型案例、模式的优缺点。结合轨道交通发展面临的形势与要求，提出轨道交通可持续发展的根本途径在于将轨道的外部效益转化为内部收益，并进一步提出了TOD+政府直接投资、TOD+PPP 两种投融资方式。

【关键词】城市轨道交通；投融资模式；TOD；PPP

【作者简介】

唐炜，男，硕士，长沙市规划勘测设计研究院，工程师。电子邮箱：tang312wei@163.com

陈胜波，男，硕士，深圳市城市交通规划设计研究中心股份有限公司，高级工程师。电子邮箱：806965625@qq.com

基于“节点—场所—感知”模型的城市轨道交通 TOD 评估

——以成都市为例

张　娜　蒋　源　唐　婕　周　垠

【摘要】近年来，以 TOD 发展模式成为全球城市建设与更新的关注重点，成都更是提出“以轨道交通引领城市发展，大力践行新发展理念的公园城市示范区”。随着绿色出行理念深入人心，全面、科学地评估轨道交通 TOD 建设现状，对于未来轨道交通的规划具有重要参考意义。本文借鉴传统“节点—场所”模型，结合站域空间客观要素价值与主观感知价值，首次提出“节点—场所—感知”模型，并构建了一套包含 6 大类 29 个具体指标的 TOD 评估指标体系，从站—地视角深入解读成都市轨道交通站域空间协同发展情况，将其划分为均衡型站点、压力型站点、依赖型站点、失衡型站点四类，并针对每一类站点进行优化提升策略指引，为下一步 TOD 规划及站域空间更新工作提供有效参考。

【关键词】交通规划；轨道交通；“节点—场所”模型；TOD；成都

【作者简介】

张娜，女，硕士，成都市规划设计研究院，工程师。电子邮箱：15172441908@163.com

蒋源，男，硕士，成都市规划设计研究院，主任规划师，工程师。电子邮箱：nojiangpai@163.com

唐婕，女，硕士，成都市规划设计研究院，助理工程师。电子邮箱：tang_jie970202@outlook.com

周垠，男，硕士，成都市规划设计研究院，数字规划研究所副所长，高级工程师。电子邮箱：zhouyin_bnu@163.com

芜湖市过江通道交通流特性与效率优化研究

林新宇

【摘要】在当今经济社会快速发展的背景下，过江通道作为沿江城市关键的交通枢纽，对于促进城市交通网络互联互通以及加强城际间的交流与合作方面发挥着重要作用。芜湖市作为国家“十纵十横”综合交通运输大通道的重要节点城市和国家综合交通枢纽，探索和优化其过江通道的交通运行状况具有示范意义。本文基于多源数据对芜湖市过江通道整体交通流分布特性进行探索，并以芜湖长江公铁大桥作为典型研究对象，采用模糊综合评价法对其交通运行效率进行全面评估。通过分析过江通道现状及未来发展的潜在问题，进一步从交通供给、交通管理以及交通需求三个维度提出一系列切实可行的发展手段，以期提高芜湖市过江通道的运行效率并促进区域可持续发展，并为未来城市群乃至全国范围内的过江通道规划提供建议与参考。

【关键词】过江通道；多源数据；芜湖市；交通运行情况；模糊综合法

【作者简介】

林新宇，男，硕士研究生，东南大学建筑学院。电子邮箱：1187905832@qq.com

南京市主城区慢行交通现状评估与发展对策研究

何峻岭　史文君　李甜甜　洪吉林

【摘要】本文通过定性和定量评估的方式，对南京市主城区慢行交通的现状情况进行评估，总结出慢行交通取得的成绩和存在的问题，并从补短板、提品质、创示范、强管理四个方面提出慢行交通发展对策和建议，以构建便捷、可达、舒适、安全、有序的主城区慢行交通体系，提升以慢行交通为主体的绿色交通出行方式吸引力，实现交通可持续发展。

【关键词】慢行交通；现状评估；发展对策

【作者简介】

何峻岭，女，硕士，南京市规划设计研究院有限责任公司，正高级城乡规划师。电子邮箱：120307214@qq.com

史文君，女，硕士，南京市规划设计研究院有限责任公司，高级工程师。电子邮箱：617081900@qq.com

李甜甜，女，硕士，南京市规划设计研究院有限责任公司，工程师。电子邮箱：840380658@qq.com

洪吉林，男，硕士，南京市规划设计研究院有限责任公司，工程师。电子邮箱：13789307198@163.com

超特大城市交通多元化指标评价体系构建研究

李晓璇　周杲尧　邓良军　雷心悦　戚钧杰

【摘要】我国城市交通步入新发展阶段，为衡量超特大城市交通发展水平，助力破解“大城市病”，本文构建了超特大城市交通多元化指标评价体系。首先，梳理了新发展阶段我国城市交通发展特征和超特大城市交通体系多元化特征；然后，在评述既有研究和国内外案例的基础上，归纳当前评价体系的三方面不足；之后，构建包含体系全面性、系统融合性、群体差异化、服务品质化四方面内容的评价体系框架和评价指标集；最后，以杭州市区10个行政区的城区范围为评价对象，选取15个指标进行实例评估，反映出城市交通区域发展不平衡等问题。实例评估结果表明，本文提出的超特大城市交通多元化指标评价体系具有较强的科学性与可用性，可为我国超特大城市交通发展评价工作提供借鉴。

【关键词】新发展阶段；超特大城市；城市交通；多元化指标；评价体系

【作者简介】

李晓璇，男，硕士，杭州市规划设计研究院，助理工程师。电子邮箱：18221052057@163.com

周杲尧，男，硕士，杭州市规划设计研究院，高级工程师。电子邮箱：14989184@qq.com

邓良军，男，硕士，杭州市规划设计研究院，高级工程师。电子邮箱：114103272@qq.com

雷心悦，女，硕士，杭州市规划设计研究院，工程师。电子邮箱：276021713@qq.com

戚钧杰，男，硕士，杭州市规划设计研究院，助理工程师。电子邮箱：qjj1270204@sina.com

昆明市轨道交通 TOD 综合开发现状指标体系研究

李兰芹　苏镜荣

【摘要】为研判昆明市轨道交通 TOD 现状综合开发水平，本文对已开通的轨道交通线路从多元包容和舒适便捷两个维度构建现状指标体系。重点分析现状轨道交通站点 800m 半径覆盖范围内的沿街商铺密度、公共服务设施密度、出站口到公交站点平均最短距离、平均出站口数量、路网密度、步行十分钟可达性等现状指标情况，并与国内 TOD 发展较好城市轨道交通站点的 TOD 指数进行对比分析，总结出昆明市轨道交通 TOD 指数的现状特征及不足，并提出相关发展对策，以促进昆明市轨道交通站点周边 TOD 综合开发。研究结果可有效地为后续昆明轨道交通 TOD 综合开发提供借鉴与指导。

【关键词】轨道交通站点；TOD；现状指标；昆明市

【作者简介】

李兰芹，女，硕士，深圳市城市交通规划设计研究中心有限公司云南分公司，工程师。电子邮箱：552009131@qq.com

苏镜荣，男，硕士，深圳市城市交通规划设计研究中心有限公司云南分公司，正高级工程师，电子邮箱：396667397@qq.com

轨道交通区位评价及在土地整治出让工作中的应用

唐小勇　黄梨力　刘晏霖　陈易林

【摘要】城市轨道交通对沿线土地开发有显著的增值带动作用。为了更好地促进围绕轨道交通站点的城市开发建设，实现政府土地资源价值最大化，培育轨道交通客流，需要按照区位好、配套好、预期好原则，精准实施土地供应。本文研究了一种轨道交通区位和成熟度的评价方法，综合考虑了地块至附近轨道交通站点的步行可达性、轨道交通网络的可达性以及通过轨道交通网络“获取”外部城市用地、居住人口、通勤岗位的机会。以重庆中心城区市级储备土地为对象，分现状基准年和第四期轨道交通建成后两种场景，基于地块交通区位和成熟度指标，对地块进行分类，指导整治和出让时序安排，并选取试点片区，给出了具体应用示范，可以为其他城市类似工作提供参考。

【关键词】轨道交通；土地整治；交通区位；土地出让；交通成熟度

【作者简介】

唐小勇，男，博士，重庆市交通规划研究院，副总工程师，正高级工程师。电子邮箱：71780735@qq.com

黄梨力，男，硕士，重庆市交通规划研究院，工程师。电子邮箱：490231134@qq.com

刘晏霖，女，硕士，重庆市交通规划研究院，正高级工程

师。电子邮箱：562249329@qq.com

陈易林，女，硕士，重庆市交通规划研究院，工程师。电子邮箱：729561434@qq.com

基于宏观交通模型的建设项目决策方法

肖海亮

【摘要】构建绿色、经济、韧性的可持续交通体系离不开基础设施建设的科学、合理决策。本文通过路网设计问题（NDP）解决道路交通建设项目的决策问题，即如何在有限的投资预算内，合理选择道路建设项目，实现用最小的投资带来整个交通系统效益的最大化。同时，本文创新性地结合宏观交通模型，利用蚁群算法完成计算。算例分析表明，该方法具有较高的计算效率和结论可靠性，而宏观交通模型的应用使该方法更具可移植性和实用性。实例应用表明，该方法可以在有限投资预算范围内，从交通系统整体效益最优的角度出发，在项目库中合理选择推荐的建设项目，为政府部门进行建设项目决策提供依据和参考。

【关键词】决策方法；路网设计问题；宏观交通模型；蚁群算法

【作者简介】

肖海亮，男，硕士，上海市政工程设计研究总院（集团）有限公司，工程师。电子邮箱：814135676@qq.com

城市公共交通车辆标台换算系数研究

陈学武　商萧吟

【摘要】在我国城市公共交通行业发展中，为了有效比较不同城市、不同地区、不同时期运营车辆发展规模，通常需要引入标台换算系数，把不同类型的车辆按统一的标准当量折算。以城市公共交通车辆标台换算系数为切入点，总结现行标台换算系数发展历程，探讨以车身长度为换算依据的适用性问题。在此基础上，综合考虑公交服务水平与运力效率，提出基于载客能力的车辆换算系数确定方法，并分别给出公共汽电车车辆和轨道交通车辆标台换算示例，为确定城市公共交通车辆换算系数提供科学依据。研究成果为科学评价城市公共交通运力发展水平提供了新思路。

【关键词】公共交通标准车；标台换算依据；载客能力；标台换算系数

【作者简介】

陈学武，女，博士，东南大学，教授。电子邮箱：chenxuewu@seu.edu.cn

商萧吟，女，硕士研究生，东南大学。电子邮箱：1027648635@qq.com

基金项目：国家自然科学基金项目“供需信息交互下集约型公交与共享自行车出行选择机理及资源协同配置”（52172316）

考虑泊位共享的商办混合用地配建指标确定方法研究

崔圣钊　王　炜　过秀成

【摘要】随着我国经济的发展，各大城市内集商业、办公、住宅等功能于一体的大型商业综合体逐渐兴起，以商业性建筑和办公性建筑为主要功能的商办混合用地也逐渐普遍，但针对这一混合用地的配建指标在许多城市尚未给出明确标准，针对这种用地的泊位共享研究还相对较少。本文以南京市景枫中心配建停车场为研究对象，分析了商办混合用地的停车需求时间特征，发现商办混合用地在工作日存在三个需求高峰，其中 18：00 需求量最高；周末存在两个需求高峰，其中 14：00 需求量最高。设计了 RP、SP 调查问卷分析停车使用者的共享停车选择行为特性。基于混合 Logit 模型构建了在泊位共享下的商办混合用地停车需求预测模型，采用时间变化性系数和共享停车选择概率对模型进行了修正。

【关键词】泊位共享；商办混合用地；配建指标；共享停车选择行为；需求预测模型

【作者简介】

崔圣钊，男，硕士研究生，东南大学。电子邮箱：764662423@qq.com

王炜，男，博士，东南大学，教授。电子邮箱：wangwei_transtar@163.com

过秀成，男，博士，东南大学，教授。电子邮箱：seuguo@163.com

基于PCA-GWR的站域建成环境对轨道交通客流影响分析方法

胡博文　唐　翀　陈　桔　孙　俊

【摘要】城市建成环境对轨道交通客流会产生直接且复杂的影响作用。本文介绍了一种基于PCA-GWR（主成分分析—地理加权回归）的站域环境对轨道交通客流影响分析方法，详细阐述了包括基于实际步行可达的站域范围划定、基于“5D”原则和更新潜力的建成环境发展指标体系等在内的全技术流程，并以昆明地铁3号线为案例进行了实证分析。研究证明该方法可有效克服小规模样本数据可能导致的指标共线性问题，对于小规模样本条件下的建成环境对客流影响分析具有良好适用性。同时，使用此方法得出的相应结果对于因地制宜落实TOD理念，制定精细化的站域空间建设及轨道客流吸引策略，继而促进城市交通结构绿色转型和提质增效具有积极意义和一定应用价值。

【关键词】主成分分析；地理加权回归；建成环境；轨道交通；客流影响分析

【作者简介】

胡博文，男，硕士，南京市城市与交通规划设计研究院，助理工程师。电子邮箱：2538485156@qq.com

唐翀，男，硕士，深圳市城市交通规划设计研究中心，专业总工程师，西南区域事业部总经理，教授级高级工程师。电子邮箱：1297503239@qq.com

陈桔，女，博士，昆明理工大学建筑与城市规划学院，副教授。电子邮箱：125430842@qq.com

孙俊，男，硕士，南京市城市与交通规划设计研究院，副总经理，研究员级高级城市规划师。电子邮箱：3494340951@qq.com

基于随机森林与 SHAP 模型的中型城市出行方式影响因素分析

高于越　董　亮　刘孟林　刘柯良

【摘要】探索中型城市居民出行特征以及不同因素对出行方式选择行为的影响机制，有助于从需求侧入手提高交通系统的效率，缓解交通拥堵、空气污染等“城市病”。本文以出行者个人属性、家庭属性、出行属性等因素作为特征变量，并在重庆市选取某行政区样本，收集居民出行数据，利用随机森林构建模型对出行方式选择行为的影响进行量化，采用 SHAP（SHapley additive exPlanation）模型深入分析性别、年龄、家庭年收入、出行距离等因素与居民出行方式选择之间的非线性关系。结果表明：本研究通过数据模型分析揭示，出行距离与选择步行、摩托车、出租车和网约车出行呈负相关，而与选择私家车和公共汽车出行则呈正相关。此外，年龄、经济状况和性别显著影响出行方式选择。

【关键词】城市交通；出行方式选择；机器学习；SHAP 模型

【作者简介】

高于越，女，硕士，重庆市交通规划研究院，工程师。电子邮箱：244215099@qq.com

董亮，女，硕士，重庆果园港国际物流枢纽建设发展有限公司，高级工程师。电子邮箱：dongliangliang2005@126.com

刘孟林，男，学士，重庆市交通规划研究院，工程师。电子邮箱：279438641@qq.com

刘柯良，男，博士研究生，重庆交通大学。电子邮箱：liukeliang93@163.com

基金项目：国家社会科学基金后资助项目“城市停车设施供需平衡调控机制：基于建成环境视角”（22FJYB028）

上海居民非常态出行模式下的多源交通流分析

丁鹏飞

【摘要】本文利用多源交通流数据，探讨了非常态下上海市民的出行特征。结果表明：①内环内地铁客流受影响较小，而网约车订单在内环内下降显著，外环外长距离出行增加；共享单车使用减少，但出行时间和距离稳定。②通勤和商场超市为目的的出行大幅减少，而就医需求特别是郊区社区卫生中心增长明显；休闲类出行如迪士尼度假区周边景区见涨。③地铁与单车时间相关性保持稳定，站点间空间相关性略降，而地铁与网约车的通勤相关度未变。这些发现为理解非常态下城市居民的动态出行行为提供了深入见解，并为城市交通规划和应急预案制定提供科学依据。

【关键词】公共卫生事件；非常态；出行；恢复率；相关性

【作者简介】

丁鹏飞，女，硕士，上海旅游高等专科学校，上海师范大学旅游学院，教师，助理研究员。电子邮箱：keyanban@shnu.edu.cn

新时期超大城市骨干路网评估优化的转型思考与实践

——以成都市为例

郝偲成　邹禹坤　李　星　乔俊杰

【摘要】骨干路网是城市空间格局优化的系统骨架，是促进城市经济增长和城市交通正常运行的基础。在“以人为本、因地制宜、系统观念、绿色发展”的新时期城市交通发展理念下，本文以成都市骨干路网评估与优化工作为基础，提出“绿色转型、精明增长、技术赋能、综合施策”的超大城市骨干路网评估优化重点。并进一步基于成都市中心城区通勤出行特征分析，以“缓解既有矛盾、适应发展要求”为目标，分现状和规划两个维度，评估骨干路网体系能否发挥支撑高效通勤的作用。其中现状评估通过多元大数据融合分析，评估区域、廊道及节点的骨干路网通行能力和时效性，识别交通拥堵成因。规划评估则基于宏观交通模型，结合国土空间规划最新要求，评价骨干路网是否适应城市发展要求。并分别针对现状和规划问题，提出“精准路网供给，缓解道路拥堵压力”“系统综合施策，助力通勤效率提升”“优化用地结构，提升职住平衡水平”“完善路网体系，适当满足通勤需求”“明确路网功能，合理服务职住空间”五大优化策略，切实提升了成都市中心城区通勤效率和体验，同时也为新时期超大城市骨干路网评估优化提供一定参考。

【关键词】城市交通；骨干路网；评估优化；宏观交通模型；成都市

【作者简介】

郝偲成，女，硕士，成都市规划设计研究院，助理工程师。电子邮箱：740975274@qq.com

邹禹坤，男，硕士，成都市规划设计研究院，工程师。电子邮箱：502342513@qq.com

李星，男，硕士，成都市规划设计研究院，规划四所所长，教授级高级工程师。电子邮箱：358283537@qq.com

乔俊杰，男，硕士，成都市规划设计研究院，规划四所副所长，高级工程师。电子邮箱：3061215688@qq.com

厦门 1 号线对沿线住宅价格空间差异影响研究

俞艳婷　洪世键

【摘要】探究城市轨道交通对沿线住宅价格产生的空间效应，能够为城市轨道交通沿线的房地产投资提供前瞻性视角，还能够为溢价回收政策制定工作的推进提供理论支撑，实现外部效益内部化。厦门作为海岛型城市的典型代表，具有独特的岛内、岛外城市结构，地铁的开通对于打通岛内外交通有着重要意义。本文以连接岛内外的厦门地铁 1 号线沿线住宅价格为例，采用特征价格法分析轨道交通对岛内外住宅价格产生的影响因素，并进一步探究轨道交通在不同范围内对沿线住宅价格的空间增值效应。研究发现，与轨道交通站点的距离对轨道交通沿线住宅价格存在明显的分市场效应，起到了显著的负向影响，存在着随距离增加呈现倒 U 形影响的变化规律，且换乘站点周边的住宅相较普通站点周边的住宅价格波动更显著。

【关键词】城市轨道交通；特征价格法；分市场效应

【作者简介】

俞艳婷，女，硕士研究生，厦门大学建筑与土木工程学院。电子邮箱：Yuyt_fj@163.com

洪世键，男，博士，厦门大学建筑与土木工程学院，教授。电子邮箱：hongshijian@xmu.edu.cn

基于关联规则的轨道交通客流特征挖掘

赵铁聪　孙千里　李　昕　杨　茜

【摘要】南京市轨道交通线网在南京市的快速发展中扮演着重要的角色。已有轨道交通客流研究多将站点视为独立的个体，缺乏对时空、线路等多维度的综合分析。本文通过对南京市轨道交通的 AFC 刷卡数据进行时间、空间多维度关联规则挖掘，揭示出站点之间客流分布的潜在时空关联。首先介绍了 AFC 刷卡数据的数据结构，然后引入关联规则挖掘算法，提出 AFC 刷卡数据中的有效项集，通过多维频繁模式挖掘的 Apriori 算法对主要关联规则的支持度、置信度、提升度进行挖掘，量化轨道交通刷卡数据中时间维度、空间维度和多维时空角度的客流特征。为研究城市轨道交通客流规律提供了新的角度，有助于优化南京市轨道交通系统的运营。

【关键词】城市公共交通；出行特征；AFC 刷卡数据；多维关联规则挖掘

【作者简介】

赵铁聪，女，硕士，中国电建西北勘测设计研究院有限公司，助理工程师。电子邮箱：zhaotiecong304@163.com

孙千里，男，硕士研究生，东南大学。电子邮箱：2511519342@qq.com

李昕，女，硕士，中国电建西北勘测设计研究院有限公司，助理工程师。电子邮箱：13759936527@163.com

杨茜，女，硕士，中国电建西北勘测设计研究院有限公司，高级工程师。电子邮箱：2819520346@qq.com

基于组合权重模型的短时交通流量预测

骆　力

【摘要】使用交通大数据进行短时流量预测是智能交通研究中的一个重要方向，准确的短时交通流量预测，可以有效控制交通拥堵、事故的发生。本文提出一种组合权重模型，通过确定权重因子，采用融合欧式距离和余弦距离的计算方法来寻找历史交通态势相似的数据集进行预测。研究了模型中关键参数对预测效果的影响，并提供了参数建议取值。最后，在针对某城市高速路的预测实验中，将该算法与单一欧式距离预测算法和单一余弦距离预测算法进行了对比分析。预测结果表明，该算法在工作日和非工作日均优于欧式距离预测算法和余弦距离预测算法。

【关键词】交通大数据；短时流量预测；组合权重模型；欧式距离；余弦距离

【作者简介】

骆力，男，学士，重庆交通大学，在读硕士研究生。电子邮箱：1027097053@qq.com

城市地价交通影响因子与量化评估研究

——以武汉为例

张子培　冯明翔　夏清清

【摘要】面向当前城市基准地价评估中交通影响因子量化不足、权重计算方法较主观的问题，本文构建的城市地价交通影响因子量化评估技术，提出优化后的城市地价评估交通因子体系，重点引入了交通可达指数系列指标。将城市成交地价数据与交通因子体系进行相关分析，基于特征价格模型、地理加权回归分析、层次分析法，初步构建了交通与地价的互动关系模型。结合武汉市的区域特点，应用模型对武汉市各类用地的交通影响因素进行分析，得出各类用地的地价交通因子权重体系。

【关键词】城市地价；交通模型；影响因子；交通可达性；武汉

【作者简介】

张子培，男，硕士，武汉市规划研究院（武汉市交通发展战略研究院），主任工程师，高级工程师。电子邮箱：zxiaocmlll@163.com

冯明翔，男，博士，武汉市规划研究院（武汉市交通费发展战略研究院），主任工程师，高级工程师。电子邮箱：mc_feng1228@163.com

夏清清，女，硕士，武汉学院，讲师。电子邮箱：136342024005@whxy.edu.cn

新城区窄路密网街道空间的实施评估及优化策略

吴俊荻　段海燕　程新阳　严　飞

【摘要】为探索窄路密网理念在我国城市中的实践效果和存在问题，本文首先选取了一个全面贯彻窄路密网规划理念的新城区为研究案例，采用规划师评估和行人满意度调查相结合的方法，对街道空间的主客观实施效果进行评估，发现其路网密度、支路占比、路网连通度、慢行路权等宏观指标均落实较好，但慢行空间的连续性、舒适性等微观效果有待提升。其次，结合窄路密网空间紧凑和实际需求多样化的特征，分析了窄路密网理念实施过程中在设计、建管和交通管理三个层面的问题，并从街道空间全要素控制、建筑前区全流程协调、交通管理供需相互平衡等方面提出了优化策略和管控要求。

【关键词】窄路密网；慢行路权；要素控制；建筑前区；交通管理

【作者简介】

吴俊荻，女，硕士，武汉市规划研究院（武汉市交通战略发展研究院），高级工程师。电子邮箱：793219614@qq.com

段海燕，女，硕士，武汉市规划研究院（武汉市交通战略发展研究院），工程师。电子邮箱：970846104@qq.com

程新阳，女，硕士，武汉市规划研究院（武汉市交通战略发展研究院），助理工程师。电子邮箱：graceyy9879@163.com

严飞，男，硕士，武汉市规划研究院（武汉市交通战略发展研究院），交通仿真中心主任，高级工程师。电子邮箱：niceyf@qq.com

深圳市公共交通通勤潜在竞争力评价研究

周璨岭　余韦东

【摘要】促进公共交通模式转变是解决汽车依赖问题和实现城市可持续发展目标的关键途径。本文基于手机信令数据和高德地图实时规划路径数据，综合评价深圳市南山区就业人员居住地公交通勤潜在竞争力水平，分析了不同时间阈值下公交通勤潜在竞争力空间分布差异。结果表明：公交通勤潜在竞争力整体低于私家车，但相对时间竞争力在空间上存在异质性特征。越靠近就业中心的区域，公共交通与私家车的通勤时间差异越大；公交通勤相对模式竞争力随通勤时间阈值增加而得到提高，且公交通勤相对模式竞争力的高值范围随时间的增加而显著增大。研究结果为进一步提升公交服务水平、引导绿色交通模式转变提供一定决策参考。

【关键词】公交通勤；竞争力；可行性；通勤时间

【作者简介】

周璨岭，女，硕士研究生，深圳大学建筑与城市规划学院。电子邮箱：zcl991989@163.com

余韦东，女，硕士研究生，深圳大学建筑与城市规划学院。电子邮箱：ywddgzyx@163.com

时空特征视角下的公交车事故热点识别与分类研究

杨　睿　赵　龙　杜雨萌　朱　彤

【摘要】为分析城市公交车辆交通事故和违规的时空聚集特性，本文以西安市主城区内公交车事故与违规操作记录数据为例，采用 ST-DBSCAN 算法提取出 24h 维度内的事故和违规热点数量及时空分布，通过 ArcGIS 软件在聚合点处建立时空立方体，对数据进行可视化表达。基于 Mann-Kendall 时间序列检验评估冷热点在时间维度的变化趋势，并对不同变化模式进行分类，采用 Getis-Ord Gi*空间自相关分析识别事故冷热点，分析热点具体分布位置以及周围区位的土地利用特征，对公交车事故高发区域进行识别并分析影响因素。研究结果有助于提高风险区域监督管理的针对性，也利于提高事故快速应急处置的效率。

【关键词】交通安全；公交事故热点；时空热点分析；ST-DBSCAN 算法；Getis-Ord Gi*自相关分析

【作者简介】

杨睿，男，硕士，西安市城市规划设计研究院，工程师。电子邮箱：yangruihuman@163.com

赵龙，男，硕士，西安市城市规划设计研究院，高级工程师。电子邮箱：290525612@qq.com

杜雨萌，女，硕士，长安大学，工程师。电子邮箱：DuYuumeng@163.com

朱彤，男，博士，长安大学，副教授。电子邮箱：zhutong@chd.edu.cn

基于大语言模型技术的民意感知分析方法研究

马　山　郭玉彬　唐立波　周佳玮

【摘要】对百姓真实诉求重视不足、认识不清会让城乡规划治理工作面临为民服务理念难以落到实处的困境。基于“12345”市民服务热线收集的政务留言大数据，在时效性、真实性和广泛性等方面，能为城乡规划治理的方向聚焦、策略引导、价值判断提供重要依据。本文针对政务留言大数据进行深度挖掘，通过人工智能大语言模型技术算法，从主题细化分类、空间位置关联、趋势预警研判等方面精准获取百姓对于城市发展的真实诉求，梳理出百姓对于城市交通环境的关注热点和存在痛点，涉及停车设施治理、轨道交通服务覆盖、公交服务效率以及慢行环境品质等方面，并针对各方面百姓的真实诉求提出针对性的改善建议，为政府部门决策提供数据支撑和建议参考。

【关键词】百姓真实诉求；政务留言大数据；人工智能；大语言模型；城乡规划治理

【作者简介】

马山，男，硕士，天津市城市规划设计研究总院有限公司，高级工程师。电子邮箱：376578347@qq.com

郭玉彬，男，硕士，天津市城市规划设计研究总院有限公司，工程师。电子邮箱：994646271@qq.com

唐立波，男，硕士，天津市城市规划设计研究总院有限公司，高级工程师。电子邮箱：270670982@qq.com

周佳玮，女，硕士，天津市城市规划设计研究总院有限公司，工程师。电子邮箱：203850297@qq.com

居民需求视角下轨道交通站点步行服务评价

杨　颖

【摘要】轨道交通作为城市交通的骨架，是城市交通系统中不可或缺的重要部分。然而，乘客在使用轨道交通时，影响其出行体验的因素除了列车运营的便利性，还包括轨道交通站点周边步行服务的质量。本文以天津市现状运营的轨道交通为例，提出了有效服务率和绕路系数两个指标，从站点服务范围和步行可达性方面对站点周边步行服务进行评价，并针对低服务水平的站点进行成因分析。

【关键词】轨道交通；站点服务范围；步行可达性；公共交通导向的开发

【作者简介】

杨颖，女，硕士，天津市城市规划设计研究总院有限公司，工程师。电子邮箱：yy1995_tj@163.com

深圳新增地铁走廊对常规公交及建成环境影响研究

管安茹

【摘要】在国家提倡公交优先的发展战略下，公共交通的一体化发展成为破解城市交通难题的关键，聚焦于深圳市新增地铁走廊形成过程中如何影响常规公交及建成环境的变化，有助于了解地铁建设对于居民出行活动及城市空间格局的影响机制。本文通过识别地铁走廊内常规公交与地铁线路共线程度及数量变化，深入探讨共线数量变化形成的不同类型地铁站点区间内各层次常规公交线路的调整差异。研究发现共线数量变化形成的不同类型地铁站点区间的空间功能、居民出行活动特征的变化存在显著区位差异，商业服务和公司企业 POI 数量占比增加、交通设施和商务住宅则减少，区域内到访和使用地铁出行人数普遍增加，居民出行活动方向存在着沿地铁线转移的趋势。

【关键词】常规公交；地铁走廊；城市建成环境；居民出行特征；深圳市

【作者简介】

管安茹，女，硕士研究生，深圳大学。电子邮箱：872115589@qq.com

北京城市轨道交通线网实施评估思路及指标体系研究

史芮嘉　杨志刚　茹祥辉　姚智胜

【摘要】本文在借鉴国内外轨道交通评估经验的基础上，结合首都功能定位明确评估目标，提出了目标导向和问题导向相结合、定线与定量相结合、静态与动态评价相结合、注重实施效果和多系统融合的轨道交通线网实施评估思路，搭建了包含轨道+城市、轨道+综合交通、轨道+服务三方面内容，关注轨道交通的网、线、站三个层次，涵盖高效率、高品质、一体化、人本化、可持续五个维度的定量评价指标体系，提出了轨道交通网络与城市中心体系耦合性评价方法，并进一步提出开展轨道交通实施评估的工作建议。

【关键词】城市轨道交通；轨道交通规划；实施评估；评估指标体系

【作者简介】

史芮嘉，女，博士，北京市城市规划设计研究院，高级工程师。电子邮箱：shi_ruijia@126.com

杨志刚，男，硕士，北京市城市规划设计研究院，区域规划所副所长，教授级高工。电子邮箱：17615069@qq.com

茹祥辉，男，硕士，北京市城市规划设计研究院，主任工程师，高级工程师。电子邮箱：xianghuiru@soho.com

姚智胜，男，博士，北京市城市规划设计研究院，主任工程师，教授级高工。电子邮箱：yzhisheng@163.com

TOD 社区土地利用对站点客流的时间异质性影响

刘思杨　涂　强　孙浩冬　周晨静

【摘要】 城市轨道交通站点作为 TOD 社区中心，分析社区内土地利用与站点客流的关系对引导出行需求、营造绿色可持续的社区环境具有重要意义。本文以北京市 TOD 社区为例，针对工作日、非工作日轨道交通进、出站客流，利用面板数据分析方法分别构建了 F 统计量检验 TOD 社区土地利用对站点客流影响的时间异质性，并选择合适的时变系数面板数据模型捕捉该影响。结果验证了 TOD 社区土地利用对工作日、非工作日轨道交通进、出站客流影响的时间异质性，并识别、分析了 TOD 社区土地利用与轨道交通客流的动态关联，为区域土地更新、客流管理和交通运输资源调度提供了理论指导和实证依据。

【关键词】 轨道交通客流；土地利用；面板数据；时间异质性

【作者简介】

刘思杨，男，博士，长沙理工大学，讲师。电子邮箱：liusiy@csust.edu.cn

涂强，男，硕士，北京市城市规划设计研究院，工程师。电子邮箱：tuqiang729@163.com

孙浩冬，男，博士，北京市城市规划设计研究院，工程师。电子邮箱：haodongzs@163.com

周晨静，男，博士，广州大学，副教授。电子邮箱：zhouchenjing@gzhu.edu.cn

建成环境对轨道交通客流影响研究

——以大连市为例

庄 悦 蔡 军

【摘要】轨道交通作为一种绿色的公共出行方式，可以缓解机动化出行带来的各种环境及健康问题，受到推崇和提倡。轨道交通客流受到站域土地利用、道路交通及站点属性等建成环境要素的影响。本文使用普通最小二乘法模型及地理加权回归模型，探索大连市建成环境要素和轨道交通客流之间的关系。结果表明：居住用地强度、商业用地强度和是否为换乘站几项因素对大连轨道交通站点客流有显著影响；而工业用地强度、公共服务用地强度、路网密度、是否为首末站对客流影响较不显著。居住用地强度、商业用地强度对轨道交通客流的影响在空间上有明显的差异性。研究结果可为大连市轨道线路和站点规划、轨道交通站点出入口选取、轨道交通客流管理等提供参考。

【关键词】轨道交通；建成环境；客流；地理加权回归

【作者简介】

庄悦，女，硕士研究生，大连理工大学建筑与艺术学院。电子邮箱：605684065@qq.com

蔡军，男，博士，大连理工大学建筑与艺术学院，院长，教授，博士生导师。电子邮箱：caimans@126.com

基于功能定位的有轨电车评价方法研究

安　萌　杜　江

【摘要】有轨电车发展在我国仍处于起步阶段，各城市都在不断相互学习、对比、参考与借鉴。为揭示各城市间有轨电车发展的评价分析情况，本文以优化和改进有轨电车评价框架及方法为主线，并在方法上将功能定位与其评价之间建立联系，形成影响层和技术指标层双层的评价框架，建立基于有轨电车功能定位的评价方法。研究通过对可反映指标分布状态的均方差进行建模计算来构建评价的判断矩阵，从而替代传统的专家打分法，提高评价的客观性和可行性。最后通过5个城市的实例分析，验证本文评价方法在理论体系上的可行性和实际应用中的实践价值。

【关键词】有轨电车；功能定位；判断矩阵；特征值法；非线性优化

【作者简介】

安萌，男，博士，重庆设计集团有限公司市政设计研究院，正高级工程师。电子邮箱：anmeng@seu.edu.cn

杜江，男，硕士，重庆设计集团有限公司市政设计研究院，正高级工程师。电子邮箱：duj@cmrid.com

基于 NL 的城市配送车型与出行链配送点数选择研究

李 璐

【摘要】为改善上海市城市配送"客车载货"、配送效率低等现状，本文以限行时段进入市中心配送的货车为研究对象，在考虑出行链属性、货物属性、车辆属性、配送企业属性等影响因素的基础上，构建基于巢式 Logit 的货车车型选择和出行链配送点数选择模型。根据参数估计可知，配送成本、装载率、通行证满足度对车型选择有显著影响；出行链首段距离、货物种类、平均配送量对出行链配送点数选择有显著影响。应用模型评估城市货运交通管理方案和共同配送措施实施效果，结果表明提高通行证发放力度与加大对面包车的惩罚力度同时施行时，"客车载货"改善最为有效，采取共同配送措施可显著提升城市配送效率。

【关键词】城市配送；车型选择；出行链配送点数选择；巢式 Logit；政策评估

【作者简介】

李璐，女，博士，上海市城乡建设和交通发展研究院，工程师。电子邮箱：335973576@qq.com

上海市高速公路 ETC 使用情况分析及提升建议

谢恩怡

【摘要】ETC 系统在高速公路运行中具有收费效率高、通行效率高、夯实数据基础、更加节能环保等优势。随着 2019 年相关文件出台，上海市 ETC 服务发展迅猛，但近年来已进入平稳期，高速公路收费站 ETC 平均使用率不足七成。本文通过对上海市 ETC 发展情况进行梳理，以设备发行方监测数据与高速公路通行大数据为基础对上海市 ETC 使用情况开展分析，以线上、现场相结合的方式进行用户意愿采集，总结使用频率、服务便利性、非私车辆服务、个人偏好等影响 ETC 使用率的因素，针对提升 ETC 使用率提出设备提升、功能拓展、服务提质、加强非私等方面的对策建议。

【关键词】高速公路；ETC 系统；使用率；用户意愿；对策建议

【作者简介】

谢恩怡，女，硕士，上海市城乡建设和交通发展研究院，高级工程师。电子邮箱：jj89xie@163.com

地铁便民商业调研分析及业态选址研究

刘沁研

【摘要】本文以地铁商业在国内发展的现状和存在的问题为切入点，首先总结了国外典型城市地铁商业发展现状和经验启示。然后，以北京为例探讨地铁商业规划和选址的工作思路。提出了适合于地铁便民商业的业态类型，并结合车站客流量、客流上下车时间分布特征、车站周边各类人群数量、车站周边竞品商业类型和规模等多种数据源总结地铁便民商业选址考虑因素，进一步建立规划选址工作流程。最后，结合实际案例给出地铁便民商业选址相关建议。

【关键词】城市交通；地铁；车站；便民商业；业态；选址；北京市

【作者简介】

刘沁研，女，高中生，北京乐成国际学校。电子邮箱：292094870@qq.com

后　　记

我国经济社会发展进入加快绿色化、低碳化的高质量发展阶段，城市交通基础设施建设业已由增量阶段进入存量发展阶段。城市交通领域各类资源综合利用提质增效成为发展方式绿色转型的重点。绿色是城市交通可持续发展的根基，数智是提升治理和服务水平赋能未来的保障。2024 年中国城市交通规划年会围绕“绿色数智　提质增效”主题组织了论文征集活动。共收到投稿论文 369 篇，在科技期刊学术不端文献检测系统筛查的基础上，经论文审查委员会匿名审阅，232 篇论文被录用，其中 24 篇论文精选为宣讲论文。

在本书付梓之际，真诚感谢所有投稿作者的倾心研究和踊跃投稿，感谢各位审稿专家认真公正、严格负责的评选！感谢中国城市规划设计研究院城市交通研究分院的乔伟、耿雪、张斯阳、王海英等在协助本书出版中付出的辛勤劳动！

论文全文电子版可通过中国城市规划学会城市交通规划专业委员会官网（https://transport.planning.org.cn）下载。

中国城市规划学会城市交通规划专业委员会

2024 年 6 月 6 日